# ベトナム戦争 枯葉剤《かれはざい》の謎

日米同盟が残した環境汚染の真実

原田和明……著
Kazuaki Harada

禁止区域
に2・4・5T剤
ありますので
止します。
空知森林管理署

飛鳥出版

・本書は、２０１３年1月に五月書房より発行された自著『真相 日本の枯葉剤』の原稿を大幅に加筆・訂正し、再編集したものです。
・本文中の引用部分において、各人の発言やオリジナルの文章を、本書の規定に従って表記統一、可読性を高めるための補足や削減など、変更している場合があります。
・また、本書では、基本的に数詞には算用数字を用いました。引用部分においても同様です。

前著『真相 日本の枯葉剤』を出版してから10年が経過しました。その間、私は前著で紹介した、全国各地に埋められた枯葉剤の現場を訪れました。そして、このたび前著の内容を整理し直し、新たな内容を書き加えた『ベトナム戦争 枯葉剤の謎』を上梓する機会をいただきました。訪れた埋設地は、木の杭に工事用のトラロープか、あるいはどこにでもありそうな金網のフェンスで囲われていました。「ここに２４５Ｔ剤を埋めています。立入禁止」と書かれた小さな立て看板が囲いの脇にあります。２４５Ｔというのはベトナム戦争で使われた化学兵器「枯葉剤」の主成分。それがこんな無防備な状態で半世紀も放置されていることに驚きました。

林野庁はこれまで「この埋設物は除草剤であり、ベトナム戦争で使われた枯葉剤とは無関係。そのままにしておくのが一番安全」と説明してきました。しかし、前著がきっかけとなり、日本にもあった枯葉剤の問題をいくつかのメディアが取り上げたことから、林野庁も方針を転換。２０２１年から撤去に向けて調査が始まりました。ベトナム戦争のタイムカプセルは何を語るのでしょうか？

太平洋戦争で荒廃した日本は、朝鮮戦争、ベトナム戦争の恩恵に与かり、奇跡の復興を遂げ、経済的繁栄を手に入れました。日本人は豊かな生活を享受する一方、各地で公害が発生。大きな代償も払ってきました。日本・ベトナム外交関係樹立50周年を迎えた今、日本は国民的議論のないまま武器輸出の全面解禁を閣議決定。「死の商人」への道へ一歩踏み込もうとしています。本書がその是非を議論する一助となれれば幸いです。

# 第0章　誰も知らない日本版枯葉作戦

## 「枯葉剤《かれはざい》」という化学兵器

「枯葉剤（かれはざい）」はベトナム戦争を象徴する化学兵器です。第一次世界大戦で登場した旧来の化学兵器（猛毒＝急性毒性）と違って、枯葉剤を浴びても、ただちに命に関わるということはありませんでした。しかし、枯葉剤に代表される有機塩素化合物の恐ろしさは、食物やエサの連鎖によって、その物質が食物連鎖の上位にある者へと移動しながら濃縮、蓄積していくところにあります。最初はごくわずかな蓄積に過ぎませんが、それが次々と積み重なって増えていき、あるとき突然、さまざまな症状をもたらすのです（慢性毒性）。

まだ、環境汚染による慢性中毒という概念が一般化していない時代、1961年から約10年にわたって、米軍はベトコン（南ベトナム解放民族戦線＝共産主義勢力）が隠れているジャングルを丸裸にするという名目で、南ベトナムに大量の枯葉剤を散布しました。これを「枯葉作戦」と呼びます。

J・F・ケネディ大統領が枯葉作戦を承認して間もなく、殺虫剤や除草剤の危険性を「鳥たちが姿を消した春」という寓話を通して訴えた米国の海洋生物学者で作家のレイチェル・カーソン氏の名著『沈黙の春』が出版され、大ブームとなりました。

ビジネスチャンスを奪われることを恐れた産業界はお抱えの学者を使って、カーソン氏を徹底的に叩きました。ところが彼女も負けていません。「生産と利益という神々に仕えるために、基礎科学の真実が汚されている。私たちは誰の声を聴いているのでしょうか？　科学の声でしょうか。それとも利益を守ろうとする産業界の声でしょうか」と聴衆に呼びかけました。彼女への批判はやがて、「子どももいない独身女性がなぜ遺伝のことを心配しなければならないのか」（前農商務長官）などといった誹謗中傷にまで発展しました。政府も産業界も彼女を黙らせようと躍起になっていたのです。一方、ケネディ大統領に下問された大統領科学諮問委員会は1963年に「政府は化学物質の価値を認めつつ、同時にその危険性を国民に周知するべきである」とカーソン氏を擁護する答申をしています（NHK BS「DDT奇跡の薬か、死の薬か」・2002年1月27日放送）。

しかし、ケネディ大統領はベトナムからの撤兵方針を発表した数カ月後に暗殺されてしまいました。カーソン氏もそれから約半年後に乳癌のため56歳でこの世を去っています。その後、米国はトンキン湾事件を機にベトナム戦争に直接介入、枯葉作戦も拡大しました。こうして『沈黙の春』の警告が活かされることはなく、逆に戦争に利用されることになっtのです。

## ダイオキシン汚染大国・日本

日本は、朝鮮戦争、ベトナム戦争というアジアでの戦争で、米軍の後方基地の役割を果たし、戦後の焼け野原からの奇跡的な復興を果たしました。

憲法9条を持つ日本は兵員をベトナムに送ることを回避した代わりに、兵站《へいたん》（戦場の後方にあって作戦に必要な物資の補給にあたる機関）部門に多くの民間企業が参加していました。朝鮮戦争では、GHQの命令で火薬や爆薬の製造を再開したと社史に記述している化学会社もあります。ならば、ベトナム戦争でも枯葉剤の供給に日本が一定の役割を果たしていたとしてもなんら驚くことではないでしょう。しかし。関与を認めた企業はありません。それでも「関与はあった」のです。

その根拠は、その過程で、日本が自ら全国津々浦々に有害な枯葉剤関連の副産物を大量にばらまいたことです。そのなかにダイオキシンが含まれていました。生体濃縮による慢性毒性の恐ろしさを初めて実証したのが水俣病（1956年公式発見）だったにもかかわらず、高度成長の波に飲み込まれるように、日本ではその教訓は活かされず、『沈黙の春』の警告も届かなかったのです。

## 枯葉剤国産化疑惑

私が枯葉剤の研究を始めたきっかけは、1999年7月、地元の学会に参加していたときのこと。その頃は連日ダイオキシンの話題がトップニュースとなる、いわゆる「ダイオキシン騒動」の真っ只中でした。

夕方の総会で、横浜国立大学教授の益永茂樹氏が興奮した面持ちで急遽登壇、「本日、農林水産省と三井化学が我々の研究を正当なものと認め、先ほど謝罪会見を開きました」と発言された場面に遭遇したのが始まりでした。農林水産省と三井化学が彼らの研究に対して「法的措置」をちらつかせて圧力をかけていたとのこと。彼らの研究とは、日本のダイオキシン汚染の元凶が１９６０年代に大量に使用された除草剤であることを示し、ゴミ焼却炉だけを目の敵にしたような偏った国のダイオキシン政策に一石を投じるものでした。「謝罪会見」はゴミ焼却施設の建て替えを支援するダイオキシン類対策特別措置法が成立した日でしたから、ビジネスの支障となる研究に対して口封じのために威圧行為に及んだということか、はたまた単なる偶然か。前者なら、当時の「ダイオキシン騒動」も焼却炉業界が仕組んだキャンペーンだったということになりはしまいか。

このあと、「ダイオキシン騒動」はあっという間に終息していきました。ところで、この話には続きがありました。彼らはこの研究を進める過程で「三井東圧化学（１９９７年・三井化学に社名変更）は自社の除草剤中のダイオキシン濃度を知っていて減らしていた」ことを発見したというのです。そして、三井東圧化学の社員がお詫びに横浜国立大学を訪ねた際、「社長が『三井東圧化学のダーティな部分は改める』と申しております」と伝えたとのこと。ダイオキシンがまだ一般に知られておらず、分析方法も確立していなかった時代、会社はどうしてその技術を獲得したのでしょうか？　それに社長が言ったという「ダーティな部分」とはいったい何を意味するのか？　大いに興味をそそられましたが、そんな謎解きの手掛かりがおいそれと見つかるとも思えませんでした。

ところが、そんなとき思いがけず、楢崎弥之助衆議院議員（日本社会党）が1969年に国会で「枯葉剤国産化疑惑」を追及した際の議事録を発見。そこから、さまざまな形での国の関与が次々に見つかったのです。

## 今そこにある、日本の危機

これまでの日本は曲がりなりにも戦争への加担は回避してきました。しかし、近年、日本は戦争をビッグビジネスとする「死の商人」への道を歩み始めています。

民主党から政権奪回を果たした安倍晋三内閣は2014年4月、それまでの「武器輸出三原則（輸出禁止が原則）」を見直し、「防衛装備移転三原則（輸出自由が原則）」を新たに制定。続いて7月、従来の憲法解釈を変更して集団的自衛権行使を限定容認することを閣議決定しました。さらに翌年には防衛装備庁を設置、防衛装備品という名のもとにこれから武器を輸出していくことを国家戦略としたのです。あわせて安全保障技術研究推進制度がスタート。軍事研究に潤沢な研究費が配分され、さらに、戦争ともなれば湯水のごとく資金が注がれることでしょう。文部科学省の科学研究費が削減されるなか、大学を軍事研究へと誘導する強力な武器となります。

その一方で2020年には菅義偉首相は日本学術会議の会員候補のうち、政府自民党に批判的だった6人の任命を拒否。学問の世界に恐怖や忖度を植え付けようという魂胆か。そして、2022年、さっそくウクライナ戦争において「三原則」の恣意的解釈が横行、ウクライナへの非殺傷の装備品の提供が始まりました。この調子だと、「三原則」はないも同然。紛争当事国への殺傷兵器の提供も時間の問題でしょう。さらに、岸田文雄首相は「防衛費5年で43兆円」と、現状からほぼ倍増の大盤振る舞いを指示しました。軍事研究の成果は政府が買い取りを保証するというわけです。こうして軍事研究の産物は秘密のまま肥大化し、得体のしれない怪物となってある日突然、私たちの目の前に現れることでしょう。

戦争ビジネスに巻き込まれると何が起きるのか。歴史を教訓とするひとつの例が本書で紹介する「日本版枯葉作戦」です。あの当時、私たちには何が見えていたのでしょうか。

## 本書の構成

本書は、第1章で楢崎弥之助衆議院議員（日本社会党）が枯葉剤の国産化疑惑を国会で追及するところから始まりますが、このとき、明らかになったのは1967年10月から245TCPという中間製品を主にニュージーランド、オーストラリアに輸出しているということだけで、ベトナム戦争での枯葉作戦との関係については未解明のままでした。第2章では、ニュージーランドなど中間製品の輸出先での関係者の証言を紹介。生産能力を上げるために分業体制がとられていたこと、製品が枯葉剤であることがばれないように、南アフリカやメキシコなど第三国を経由してベトナムに送っていたことなどが当該企業の元幹部の口から語られます。

## 前半は枯葉作戦を支えた「副産物（産業廃棄物）処理」

第３章から第５章にかけては、枯葉剤製造時にできてしまう副産物の処分について日本政府の関わりが明かされます。米軍の枯葉作戦が本格化したのは１９６４年８月のトンキン湾事件以降です（この事件では米軍の艦船が公海上で北ベトナム軍から攻撃されたとして米軍は報復攻撃に出るのですが、今ではこの事件は米軍による捏造《ねつぞう》だったことが明らかになっています）。楢崎氏が追及した１９６７年10月とは３年間の空白がありました。この空白を埋めるのが、中央大学の中村方子名誉教授の述懐です。都立大学の助手時代に恩師から受けたハラスメントの原因も枯葉作戦と関係がありました（第３章）。

第４章では１９６０年代に全国で使用されていた代表的水田除草剤ＰＣＰの正体につい

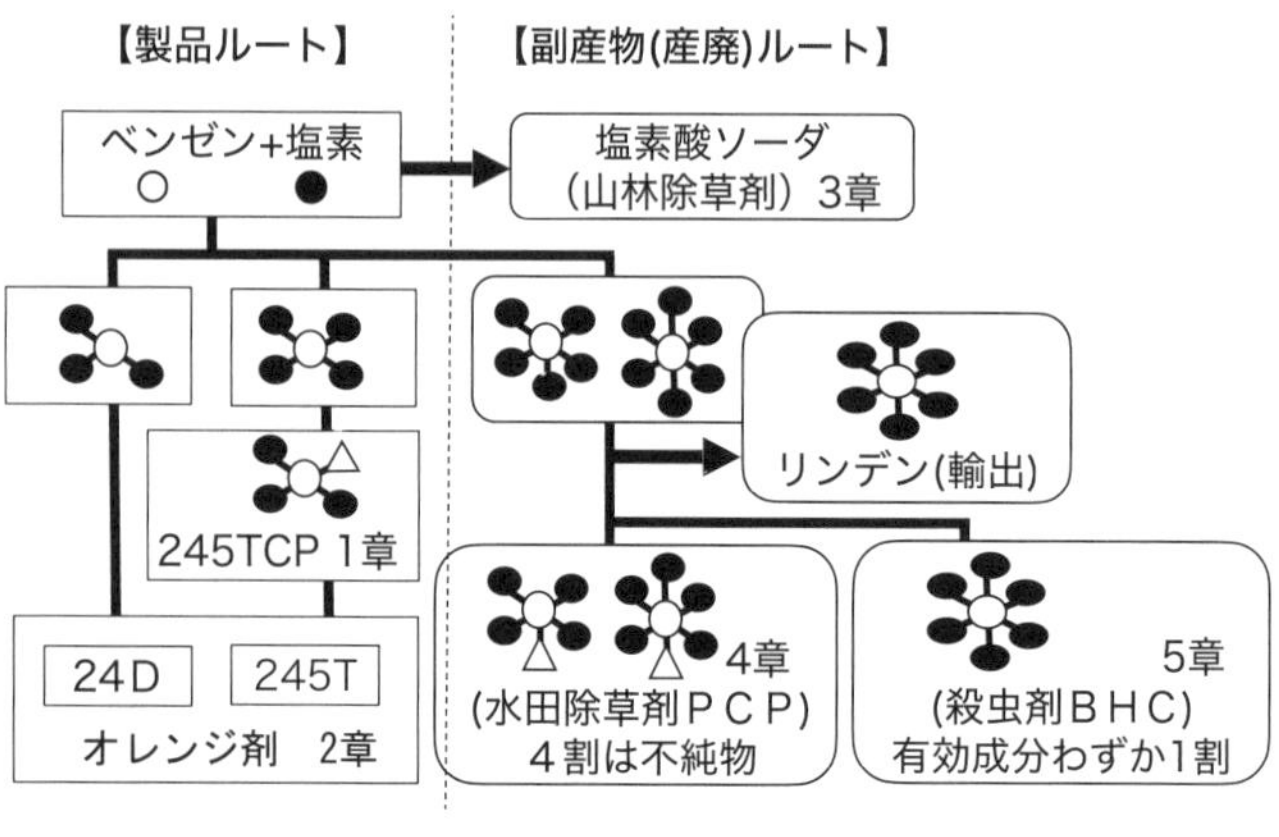


枯葉剤（オレンジ剤）と副産物処理の関係

て。当時のＰＣＰが半分の純度しかない「まがい物」であることが公害調査で明らかに。なぜ、そんなものが出回っていたのでしょうか？　また、強烈な毒性を持つＰＣＰを水田除草剤に利用できるようにした研究者と、彼を厚遇でもてなし続けた米国産業界の話へと続きます。

　第５章では同じく、１９６０年代に大量に使われた殺虫剤ＢＨＣについて。日本のＢＨＣはなんと有効成分（殺虫効果が高く、蓄積性はほとんどない）の純度がわずか10％しかなく、主成分は殺虫効果がない上に、分解しにくく、人体に蓄積しやすい（慢性毒性になる）という「トンデモ農薬」だったのです。日本の化学業界の技術が低かったという問題ではありません。わざわざ、ＢＨＣの有効成分99％以上の「リンデン」を欧州への輸出用に抽出していました。なぜ、そんなものが農薬として承認され、広く使われていたのでしょうか。日本国内での強引

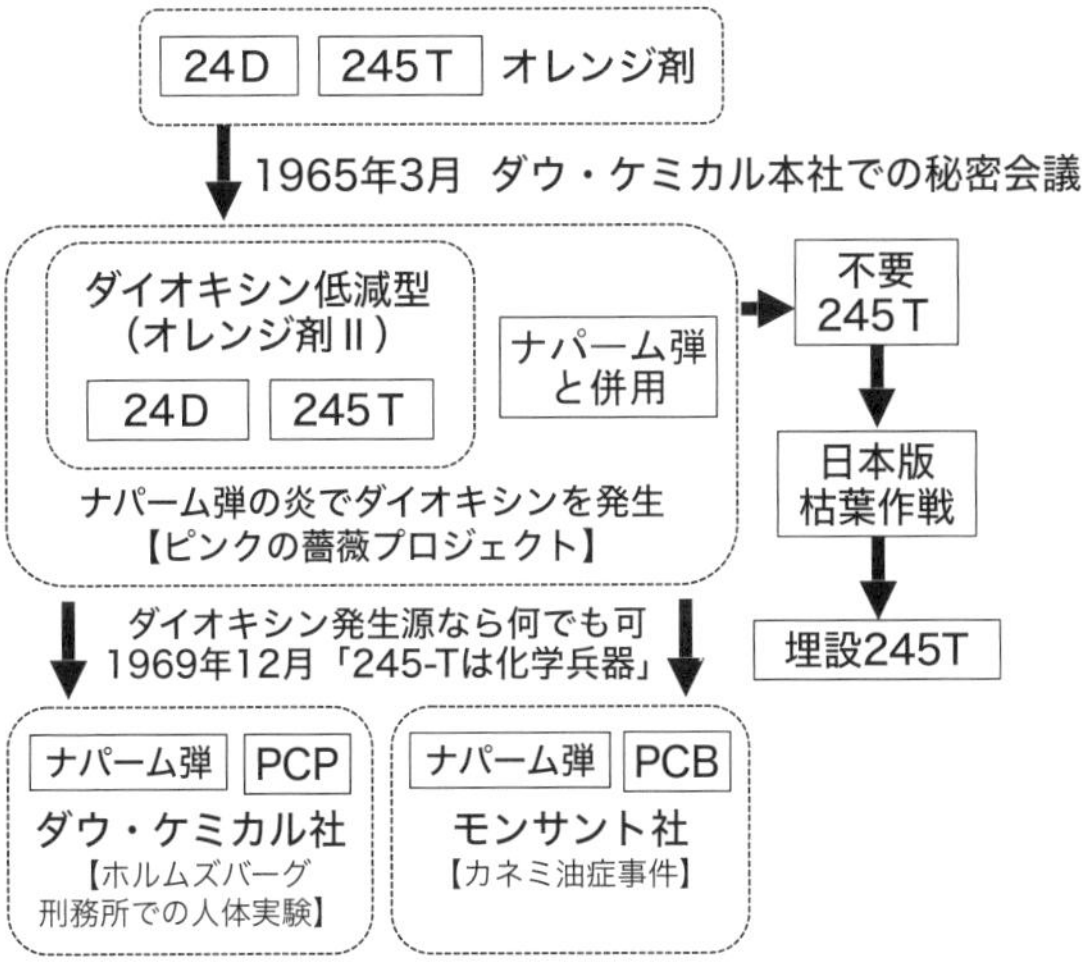


枯葉剤の変遷

な廃棄物処理の状況から、日本の枯葉剤関与は楢崎議員の国会追及（１９６７年10月）よりずっと早く、枯葉作戦当初からだったと推察されます。

## 後半はダイオキシンが枯葉作戦にもたらした変化

前半は枯葉剤製造に伴う副産物処理について、日本政府のサポートを見てきました。後半は、枯葉剤中の不純物ダイオキシンにまつわる技術革新の話です。ここで、楢崎議員の追及「１９６７年10月からの関与」の謎が明かされます。枯葉剤供給量でモンサント社（米国の化学企業）に後れをとっていたダウ・ケミカル社（米国の化学企業）は、自社工場での事故をきっかけに枯葉剤中のダイオキシンを低減化する技術を手に入れます。同社は１９６５年3月に、モンサント社以外の同業枯葉剤メーカーを本社に招いた秘密会議で「枯葉剤からダイオキシンを減らす」意義を力説しました。ダウ・ケミカル社の狙いはおそらく、その技術でモンサント社を出し抜くこと。そして、枯葉剤製造時の反応温度を下げてダイオキシンを減らすという技術を悪用することを思いついたのでしょう。枯葉剤散布後に温度を上げればさらにダイオキシンを増やせると。火炎兵器であるナパーム弾の主要なメーカーでもあったダウ・ケミカル社にとって、枯葉剤とナパーム弾をセット販売できる一石二鳥のアイデアです。

ダウ・ケミカル社は大量の枯葉剤をどうやって確保するか、その供給体制確立を急ぎます。検討の結果、中間製品２４５ＴＣＰを日本などに、それをイワンワトキンス・ダウ社（ニュージーランド）とユニオン・カーバイド社（オーストラリア）で最終製品２４５Ｔに加工する体制が整ったのです。「枯葉剤中のダイオキシン低減化プロジェクト（ダウ・ケミカル社版）」の日本での製造開始が１９６７年10月からだったというわけです（第６章、第７章）。

モンサント社も、ダウ・ケミカル社の攻勢を指をくわえて見ていたわけではなかったはずです。モンサント社の戦略は、ナパーム弾と組み合わせてダイオキシンを増やすというダウ・ケミカル社のアイデアをさらに発展させたものでした。すなわち、加熱するとダイオキシンができる化合物ならば何でもいい。もはや、枯葉剤は２４５Ｔである必要さえないということです。モンサント社の既存製品で、加熱するとダイオキシンができそうなものといえば、第一候補に挙がったのがＰＣＢ（ポリ塩化ビフェニル）だったと思われます。電気の絶縁体とか熱媒体に使われるもので、除草剤でさえありません。モンサント社は三菱化成（現・三菱ケミカル）と共同で三重県四日市市に国内初のモンサント社資本のＰＣＢ工場を建設します。日本では鐘淵化学工業（現・カネカ）がすでに国産のＰＣＢを兵庫県高砂市で製造していたので、世界で唯一の国内2社体制となりました（第８章）。

そのとき、絶妙のタイミングでＰＣＢによる食中毒事件「カネミ油症事件」が発生しました（第9章）。ダウ・ケミカル社もモンサント社に対抗して新・枯葉剤を見つけて、台湾に工場を建設しました（第10章）。

## 目次

# 第3部　枯葉剤の応用と終焉

# 第1部

# 枯葉剤と副産物

立入禁止区域
この区域に2·4·5T剤
が埋めてありますので
立入を禁止します。
空知森林管理署

# 第1章　枯葉剤国産化疑惑

## 告発

1960年代の日本は、二度の戦争特需を足掛かりに高度経済成長を続けていました。一方、急速な工業化の弊害として、全国各地で「公害」が発生、深刻な被害を生み出していた時代です。その頃、戦時下のベトナムでは「枯葉作戦」が行なわれていました。大規模な環境破壊と多くの奇形児、死産などの生殖障害をもたらした化学兵器・枯葉剤の供給に日本が関わっているという疑惑が持ち上がりました。1969年7月23日、衆議院外務委員会で、日本社会党の衆議院議員・楢崎弥之助氏が政府を追及しています。

**楢崎弥之助氏**　福岡県大牟田市の三井化学（1968年に三井東圧化学に社名変更）大牟田工業所、ここで昨年（1968年）事件が起こった。その工場では、245Tなり245TCPを作っている。昨年の1月から7月までの間に、約30人の工員にこの製造過程において被害が出て、皮膚炎や肝臓障害を起こした。現在も皮膚患者が続出しておるわけです。この２４５ＴなりＰＣＰは市販されていないはずです。そして秘密工場とまでは言わないまでも、非常に隠された状態で生産されておる。で、こういう被害者が続出したのです。ガスマスクを使用して工員が生産にあたっている。これは昭和42（１９６７）年の終わりから急に作られるようになった。なぜか、１９６７年４月に、米国の雑誌『ビジネス・ウィーク』にこういうことが書いてある。２４５Ｔは、米軍によると米国の生産能力の４倍の物を要求しておる。つまりベトナムに使うためです。枯葉作戦で。この大牟田の三井化学で作っている245Tは、当然ベトナム向けなんです。一応、私の調べたところでは、カナダとオーストラリアに輸出をしておるようになっておるが、これは途中から船がくるっと（向きを）変えれば、どこでも行けるわけですから。つまり、日本の工場で、ベトナムの枯葉作戦に使われておる化学兵器が作られているんじゃないか。こういうことを日本の工場でやる。そして事故まで起こして、現在もその患者が続いておる。こういうことをしておって、外国に、やれ化学兵器はいけないの、生物兵器はいけないのと言えるのか、説得力があるのか、私はこれを言っておるのです。

この２４５Ｔあるいは２４５ＴＣＰは、どういう状態の被害が起こっておるか、そしてこれはどこに使われておるか、輸出先はどこであるか、なぜ昭和42（１９６７）年の暮れから急に作り出すようになったか、責任を持って調べて御報告をいただきたい。

米軍は１９６１年以来、局地的な枯葉剤散布を続けていましたが、米国防総省が２４５Ｔをベトナムの戦場で使用していることを正式に認めたのは1963年でした。その245T散布は、ベトナムで頻発した奇形児や二重体児といった出産異常の原因ではないかと考えられていたのですが、楢崎氏は、それが日本で作られていると言ったのです。

なぜ、「1967年に大増産」なのか。確かにこの年に「枯葉作戦」は急拡大しました。その背景には、米国の枯葉剤製造工場で起きた事故がきっかけとなり、対植物剤であった枯葉剤が、対人化学兵器にリニューアルする大きな技術革新がありました。このことが明らかになったのは、ずっと後の1983年のことでした。国連事務総長ウ・タント氏は、1969年に「化学・細菌兵器とその使用の影響」と題する報告書を提出。これを契機に、化学兵器・細菌兵器の全面禁止についての議論が国連軍縮委員会に諮られたばかりのタイミングでした。

この楢崎氏の質問に先立ち、質問に立った日本社会党の衆議院議員・戸叶里子氏は「国連軍縮会議開催を契機に、日本政府は化学兵器の製造、貯蔵、使用は当然禁止すべきであるという提案をしてはどうか」と提案しました。外務大臣の愛知揆一氏は以下のように答えました。

**外務大臣・愛知揆一氏**　生物・化学兵器の全面禁止が日本政府の態度である。自分が持たないのみならず、広く全世界の各国が生物・化学兵器というようなものを開発もしない、持たない、あらゆる意味でこれを撲滅したいということが、かねがねの日本の大方針であり、大悲願であるわけでございます。

「作らない」とは言っていないことがミソですが、楢崎氏は、戸叶氏が引き出した愛知発言を逆手にとって政府に詰め寄ったのです。

**楢崎弥之助氏**　私はこの245TCPをなぜ問題にするかというと、これから先が問題なんです。問題は目的ですよね。その245TCPは市販されていないと私は思う。農薬としても使われていないと思う。じゃ何に使うか。これらも含めてベトナムに持っていかれておる、こういうふうに私は思う。しかも事故が起こっておる。これは沖縄で毒ガスの事故が起こったのと同じですよ、ケースとしては。沖縄の毒ガスにびっくりすると同じくらいびっくりしなくちゃいけない。国内でそういう事件が起こっておる。こういうことをしながら、説得力と言ったって、たいへんかげりを生ずると私は思うのです。そういう点について、ひとつ外務大臣のご感想を、この際聞いておきたいと思う。

この1カ月前、南ベトナムの新聞「ティンサン」が、枯葉剤散布地域の住民に出産異常が激増しているとの連載を始めました。しかし、米国の傀儡《かいらい》政権であった南ベトナム政府は、即座に発禁処分としました。

枯葉剤による人的被害が報告され始めていた矢先の枯葉剤国産化疑惑の暴露に対して、愛知揆一外相は平静を装い、「特に感想もございませんが、ただいまご指摘になった事故の調査につきましては、十分ひとつ関係省庁にお願いをして調べてみたいと思います」と答えただけでした。
対する楢崎氏はあきれて、「あなたは外務大臣ですよ。佐藤（栄作）内閣の閣僚でしょう。別に感想がないんですか、この種の事故が起こっても。驚きましたね。そういう感覚でこの生物・化学兵器の問題を取り扱うのはたいへん残念に思いますよ」と応じました。

朝鮮戦争とベトナム戦争によって急速に成長した日本の産業界は、内心ではベトナム戦争終結をあまり歓迎していませんでした。このような気持ちが、政府自民党のベトナム和平に対する消極的な姿勢を支持する形になっていました。それが愛知氏の発言にも表れています。

ところで、楢崎質問の1年前に、すでに「朝日新聞」が三井化学の枯葉剤製造疑惑をスクープしていました。１９６８年7月12日の「朝日新聞」夕刊の記事で、以下のように報じています。

---

三井化学大牟田工業所（福岡県大牟田市）で枯葉剤２４５Tと同種の除草剤２４５ＴＣＰ（トリクロロフェノール）の製造工程で皮膚疾患患者が大量に発生、「他の職場に移りたい」と訴える作業員が続出している。同工業所が２４５ＴＣＰを作り始めたのは１９６７年10月で、ＢＨＣやリンデンなどの殺虫剤の残りカスが原料。日本では三井化学だけが作っており、現在月産50〜55トン。出荷先については、一部の労働組合は「ベトナムの枯葉作戦用に輸出している」というビラをつい最近まいたが、これについて会社側は「とんでもない誤解だ。うちでは全部オーストラリアやニュージーランドなどに牧場用として輸出している」と言っている。

実は、この記事は、第9章で紹介するカネミ油症事件において農林省に衝撃を与えることになりました。しかし世論を動かすには至らず、「三井化学の一部の労働組合」の告発の雪辱は、楢崎氏に託されたのです。

この記事の3カ月後、三井化学は東洋高圧工業と合併。社名を三井東圧化学に変更しています。楢崎氏は、枯葉剤国産化疑惑の告発に、海外発注という新たな事実を突き付け、政府をあわてさせました。

## 輸出先で245Tに

枯葉剤国産化疑惑について、新聞各紙は三井東圧化学の見解を掲載しました。1969年7月24日の「朝日新聞」でも次のように報道しています。

三井東圧化学大牟田工業所（簱崎憲作所長）は、旧三井化学大牟田工業所時代の昭和42（1967）年10月から外国からの引き合いで、塩素系除草剤「245T」の中間製品である「245TCP」の生産を始め、月産55トン、主としてオーストラリア、ニュージーランドに輸出、内需はない。今年に入って完成品の一種である「245T」も月産15トン製造している。ベトナムの枯葉作戦用に使用されているのではないかとの点について、会社側はベトナムへの直接の輸出は絶対していないと言っており、同社の主力組合である三井化学大牟田労組でもこの点は認めている。しかし、大牟田地評（地方労働組合評議会）などで「輸出先のオーストラリアで加工されてベトナムに再輸出されている」という情報を握っている。これに対し会社側は「この点については知らない。しかし、それが事実であっても、鉄板が米国に輸出されて戦車になり、ベトナムに出動しているのと同じで決してベトナム向けに作っているわけではない」と言っている。

なお、楢崎氏は質疑終了後に農林省（現・農林水産省）に問い合わせ、同省がこうした薬品の販路をつかんでいないことを確認した。このため楢崎氏は24日の衆議院本会議でこの問題を取り上げ、佐藤首相の見解を質すことにしたが、「農薬メーカーや一般の化学会社でもすぐ化学兵器に生産が転換できる。知らぬ間に非人間的な兵器生産の手助けをさせられないよう厳しく監視する必要がある。

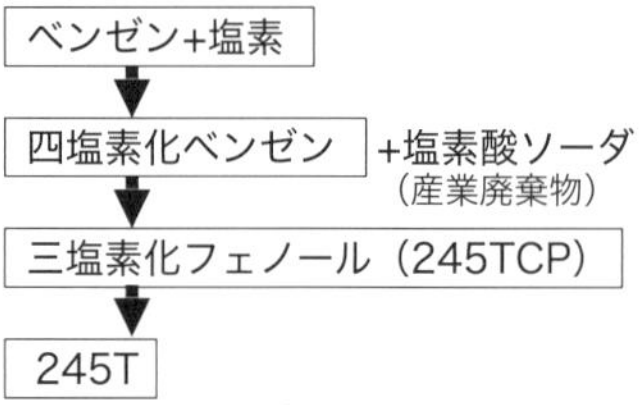


245T製造工程

「直接の輸出は絶対にしていない」というのは、暗に間接的な輸出は認めているということです。「日本経済新聞」（１９６９年7月25日）は、２４５ＴＣＰが輸出先で２４５Ｔに加工されていることを伝えています。

三井東圧化学副社長・平山威氏は、同社大牟田工場で生産中の２４５Ｔ、２４５ＴＣＰに関する概要を24日、後藤通産省（現・経済産業省）化学工業局長、下村厚生省（現・厚生労働省）薬務局参事官に対して説明、そのあと記者会見し、およそ次のように語った。

２４５ＴＣＰはパルプの防カビ剤として１割、２４５Ｔ原料として自家消費が1割（２４５Ｔは石原産業、日産化学を通じて外販）、残り8割は輸出している。

輸出先は英国が最も多く、次いでニュージーランド、フランス、シンガポール、オーストラリア、米国の順で、南ベトナムは皆無。米国には生産開始以来35トンを輸出。輸出先はＩＣＤという医薬原料会社１社で、同社は殺菌剤ヘキサクロロフェンの原料に使っている。その他地域の輸出先は農薬メーカー、化学会社など。これらの会社は主として２４５Ｔに加工して除草剤として販売しているものとみられる。それが南ベトナムの枯葉作戦に使われているということは聞いたこともない。枯葉作戦に２４５Ｔが一部使われていることは聞いているが米国あた

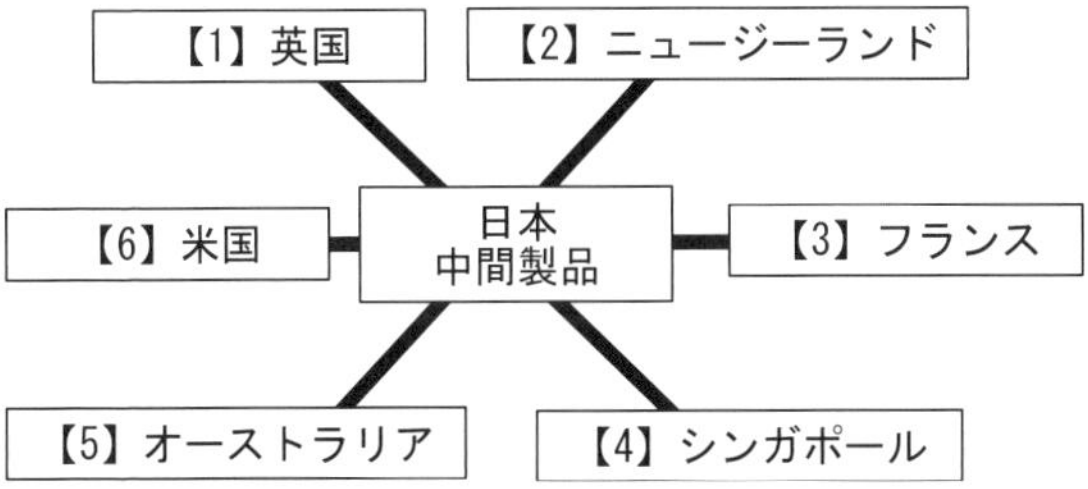


三井東圧化学の245TCP輸出先
（数字は出荷量の多い順番）

りから輸出したものではないか。
　１９６８年1月から6月にかけて当社大牟田工場で２４５ＴＣＰ生産の際に23人が皮膚炎にかかったことは事実。原因は製造開始時の運転不慣れにより多量に、あるいは繰り返し２４５ＴＣＰに触れたことによるもので、その後防護具の使用、排気装置の設置などの対策をとった結果、問題は解消している。

「朝日新聞」（１９６９年7月25日）でもコラム「気流」で、枯葉剤の間接的輸出の可能性に言及しています。

**〝まさか枯葉剤に〟大あわての三井東圧化学**

　三井東圧化学は「ベトナム戦争で使われている枯葉剤の原料が同社の大牟田工場で作られている」と国会で取り上げられて、大あわて。24日は朝から、平山威副社長か通産省の後藤化学工業局長や厚生省の下村薬務局参事官のところへ行って、「決してそんなことはないはず」と陳弁に努めた。（中略）
　昭和42（１９６７）年10月に生産を始めてから、この6月までの輸出実績は８０５トンに達している。（中略）平山副社長は「２４５Tがベトナムの枯葉作戦に使われていることは知っていた。しかしウチの製品がその原料になっているとは信じられない」と、憮然とした表情。大牟田地評などで「輸出先のオーストラリアで加工されて、ベトナムに再輸出されている」と言っているのについても「そんな事実があるなら、ぜひ教えてもらいたいものだ」と開き直る。オーストラリアへは、昭和42（1967）年10月から43年2月まで毎月5〜15トンずつ、合わせて50トン輸出したが、それ以後はゼロ。同国では牧草用の需要が多いので「再輸出されるはずがない」というのが同社の見方だ。

もっとも、輸出した国がベトナムへ再輸出したとしても、同社は知りようがないわけだ。「そんなはずはない」と強調したところで、あくまで単なる推定に過ぎない。245TCPそのものは、少しぐらい皮膚に触れてもたいしたことはないというから、同社があわてたのもこのためだったようだ。原子力と同様、使い方ひとつで平和用にも戦争用にもなるのは、こうした産業の宿命ともいえよう。

この枯葉剤国産化疑惑は国民の関心を呼ぶことはありませんでした。米国の宇宙船・アポロ11号が月面着陸の偉業を達成、日本時間7月25日午前1時50分、暁の中部太平洋に着水・帰還したのです。新聞紙上には「月人、地球に還る」との大見出しが躍り、国民の関心は人類史上初の快挙の方に釘付けになったのでした。

## ベトナム枯葉作戦とは

枯葉作戦について、報道写真家の中村梧郎氏は『母は枯葉剤を浴びた　ダイオキシンの傷あと』

（新潮社、１９８３年）の中で次のように記しています。

米空軍によるベトナムでの枯葉作戦は１９６１年に始まった。ベトナムのジャングルや田畑に航空機から化学薬品を浴びせかけ、解放勢力の食糧源と拠点を壊滅させるのがその狙いとされていた。作戦は10年あまりの間休みなく続き、１９７１年に終わった。

ベトナムの広大な原生林は枯れ、動植物も死に絶えた。土壌中の微生物さえ姿を消して土が死んだ。そして地上は砂漠化した。

ベトナムの枯葉剤散布地に、私が初めて足を踏み入れたのは１９７６年のことである。マングローブ樹のジャングルは朽ち果てたまま、死の世界をさらしていた。

だが、枯葉剤の被害は、こうした生態系の破壊にとどまらなかった。ベトナムの地上には無数の人間が住んでいたし、人々はこの化学物質を頭から浴びせられていたのである。

人間への影響は、作戦が終わりに近づく頃から顕在化し始める。さまざまな皮膚炎、癌、そして、出産異常。枯葉剤の中には猛毒ダイオキシンが潜んでいたのであった。

---

枯葉作戦は2期に分かれます。米軍がまだ南ベトナムの後方支援にとどまっていた１９６１年から１９６４年にかけての第１期、枯葉剤の散布は米軍の輸送路と基地周辺に小規模に行なわれ、主にヘリコプターによる散布が行なわれていました。

枯葉剤を使うすべての作戦は、米軍南ベトナム軍事援助司令部（ＭＡＣＶ）と在南ベトナム米大使館とで決められていました。南ベトナム政府は、枯葉作戦の目的と自らの役割を「穀物を破壊し、周辺道路と軍駐屯地周辺の見通しを確保し、これらの作業を監視するために枯葉剤を使用する計画について、調査し、資料を収集し、処理することに責任を負う」と示していました。

その一方で、米軍は枯葉作戦をできる限り秘匿し、ばれても自国に対する国際的批判を回避しようと画策していたことがわかっています。マクナマラ米国防長官は「航空機には南ベトナムのマークをつけ、南ベトナム軍将校が表向きの機長として乗り込み……作戦への米国の参加は一切公表しないように」と語り、さらにノルティング駐南ベトナム米大使は「使用する化学物質をＩＣＣ（国際監視委員会）の査察から隠すために……民間貨物であると明記すべき」と進言しています。

枯葉剤散布部隊の志願兵は次の条件で募集されました。「民間人の服を着て米空軍の標識のついていない飛行機に乗り、捕虜になっても米政府は関知しない」。採用されると、自宅に手紙を書くことさえ許さないという徹底ぶりでした。なぜここまで秘密にこだわったのでしょうか？

枯葉作戦開始直後の１９６１年11月３日付米統合参謀本部覚書には、「わが国（米国）が化学戦争あるいは生物戦争を行なっているという非難の対象にされないよう注意しなければならない」とあります。

しかし、トンキン湾事件を口実に、米軍がベトナム戦争に直接介入するようになった１９６５年以降の第２期（特に「海外に大量発注」した１９６７年以降）には、枯葉作戦は公然と行なわれるようになり、散布量、散布面積ともに激増します。

米軍がベトナム戦争で使用した化学兵器のなかで、枯葉作戦に用いられたものだけでも数種類あり、容器の色で区別されていました。

枯葉剤の代表格オレンジ剤（２４Dと２４５Tの混合物）のほかにも、ホワイト剤（２４Dとピクロラム）、ブルー剤（カコジル酸）などが大量に散布されました。森林の破壊には3度の散布が推奨され、1回目に葉を枯らすためにオレンジ剤かホワイト剤を、2回目に幹や枝を枯らすために同じ薬剤、3回目には木の根を枯らすためにブルー剤が使われました。枯葉剤に引き続くナパーム弾（焼夷弾）投下とガソリンによる燃焼によって、ベトナムの森林は不毛の地となったのです。

米国防総省によると、ベトナム戦争中に使用された枯葉剤の量は６６６５万リットル（１７５８万ガロン＝９万トン）とされていますが、全米科学アカデミーによると、米国防総省の発表よりも実際は１００万ガロン多かったとの試算もあります。

１９６８年1月末の「旧正月」に南ベトナム解放民族戦線がいわゆる「テト攻勢」を敢行。一時南ベトナムの首都サイゴンにあった米大使館が占拠される事態となって以降、米国内にベトナム戦争反対の世論が強まり、人類史上最大級の環境破壊となった枯葉作戦に対しても、多くの反対の声が上がりました。米国科学振興協会は１９６６年以来懸念を表明し続けていましたが、１９６８年に全米癌協会との協力による研究で、オレンジ剤の成分２４５Tに催奇形性があることが判明したと発表します。同時期には南ベトナムでのオレンジ剤散布地域に、多くの先天奇形が見出されているとの報道がなされていました。

## 枯葉剤は化学兵器

楢崎弥之助氏が「枯葉剤供給への日本の関与」を追及した1969年には、米国の雑誌が、南ベトナムのソンミ村で米軍が民間人約500人を虐殺した事件を報道。また多くのベトナム帰還兵が虐殺のあったことを証言したこと、米国の正義は揺らぎ、米国内で大規模な反戦運動が起こりました。枯葉作戦についても、米国立癌研究所が245Tの催奇形性の原因は不純物ダイオキシンにあると発表。さらに、11月末に全米科学振興協会の総会で、M・メセルソンらハーバード大学のグループが枯葉剤の人的被害を明らかにすると、ニクソン大統領（1969年1月に就任）は「生物兵器の全廃」「化学兵器の先制攻撃禁止」などの妥協案を発表して、なんとか枯葉作戦の継続を模索しました。

それに対して、スウェーデンが「枯葉剤は化学兵器である」とする決議案を国連総会に提出。米国は反対票を投じましたが、賛成多数で決議案は可決（日本は採決を棄権）。この議決によって枯葉作戦は大きな転機を迎えます。1970年4月にニクソン大統領が、枯葉作戦で最も評判の悪い（最も毒性の高いダイオキシンを副生する）245Tの使用中止を発表しました。しかし、この発表は枯葉作戦にオレンジ剤を使わないという意味であって、枯葉作戦そのものが中止になったわけではありませんでした。

1962年から1970年の間に、少なく見積もっても200万ヘクタール以上の地域に枯葉剤が散布され、その広さは南ベトナム全土の8分の1に相当し、さらに単位面積あたりの散布量は、平均して米国農務省が農業用として推奨している量の15倍にも及んでいました。

その上、ダイオキシンの問題があります。オレンジ剤中のダイオキシンは1キロリットルあたり平均で4グラムと見積もられていますが、不純物濃度は製品ごとにばらつきがあり、総量で170~500キログラムと推定されています。さらに枯葉剤を散布された森林は散布後ナパーム弾で焼きはらわれたために、ダイオキシン濃度はさらに上昇したものと推定されます。245Tを加熱すると一部がダイオキシンに変化するからです。

1970年末、ホワイトハウスは「枯葉作戦の段階的縮小と、翌年4月に全廃」を発表。ようやく枯葉作戦は終わりを迎えました。しかし、枯葉剤の被害が広く知られるようになるのはその後のことでした。

枯葉剤の供給に関わった国々では、その後も枯葉剤の後始末に追われることになります。

大量の化学兵器が使用されたベトナムで新しい世代に奇形が多発していたことは、戦時中にも一部報じられていましたが、戦後初めてその実態が明らかになりました。そして、その被爆症状は、ベトナムの人々はもとより、米国の帰還兵の間にも現れはじめていました。

散布作業に従事していた米空軍兵士たち、あるいは散布後、掃討作戦で森に入った海兵隊員たちなどが直接、間接に被爆していたのです。

さらにベトナム戦争に参戦し、米軍と行動をともにしたオーストラリア、ニュージーランド、韓国、フィリピン、タイなどの兵士たちにも影響は広がっていました。それは核兵器による放射能障害にも似て、化学兵器の本性のもうひとつの面をのぞかせるものでした。しかも、それは過去の出来事ではなく、現在も進行しつつあるのです。

枯葉作戦は公式には「ランチハンド（牧場夫）作戦」と命名されていました。まるで牧場に農薬をまく作業であるかのような命名ですが、作戦を進める米空軍の内部では「ヘイディーズ（地獄）」と呼ばれていました。まさに枯葉作戦は地上に地獄を作り出す作戦でした。

三井東圧化学が１９９９年の記者会見で認めた「中間製品２４５ＴＣＰの製造・輸出」に関してですが、輸出先ではどのように使われていたのでしょうか？　日本社会党の衆議院議員・楢崎弥之助氏による枯葉剤国産化疑惑の追及から30年あまりが過ぎた２０００年暮れ、当時の三井東圧化学副社長が主要輸出先のひとつと認めたニュージーランドで爆弾発言が飛び出しました。

ニュージーランドは、ベトナム戦争当時は保守の国民党政権でしたが、１９９９年に革新系の労働党が政権交代を果たしています。枯葉剤疑惑についても、告発しやすい環境にあったのです。

## ニュージーランドの化学企業元幹部の告白

ニュージーランド北島南西部ニュープリマス市にあるイワンワトキンス・ダウ社（ＩＷＤ社＝Ivon Watkins Dow、のちにダウ・アグロサイエンス社と社名変更し、さらに２０１７年、親会社のダウ・ケミカル社とデュポン社の合併に伴い、２０１９年6月に社名をコルテバ・アグリサイエンスに変更）の元幹部が、マスコミのインタビューに答えて、ベトナム戦争で使われたオレンジ剤を同社が供給していたことを認めたのです（ニュージーランドの雑誌『ＩＮＶＥＳＴＩＧＡＴＥ』26巻の特集「枯葉剤 我々はそれをニュープリマスに埋めた」）。彼はオレンジ剤の輸出計画を支援する管理委員会のメンバーでしたから、同社のオレンジ剤関与に関するすべてを知り得る立場にいました。

ＩＷＤ社は、枯葉作戦中止（１９７１年）、イタリアのセベソ事件（１９７６年）、インドのポパール事件（１９８４年）などを機に他社が２４５Ｔ生産を中止するなかにあって、２４５Ｔの生産を１９８７年まで続け、世界で最後の工場となったのでした。以下は元幹部の告白です。

１９６０代後半から１９７０年代初期にかけての期間、イワンワトキンス・ダウ（ＩＷＤ）社はニュージーランド政府からオレンジ剤の成分である２４Ｄと２４５Ｔの独占的製造権を獲得。他社は一切作れなくなりました。その結果、ニュージーランドで生産された２４Ｄと２４５Ｔはすべて、当社が作ったことになります。２４Ｄと２４５Ｔは別々の場合には除草剤です。混合すると「オレンジ剤」になるのです。われわれが出荷した化学製品は技術的にいえば誰かが最終的な目的地でそれらを混ぜるまで、オレンジ剤ではないのです。

１９６０年代後半とは、ＩＷＤ社の１９６７年版年次報告書に、同社が隣接する広大な土地を農薬の「実験農場」として購入したとの記載があることから、楢崎氏が指摘した「枯葉剤の海外発注」があった１９６７年と同時期とみて間違いなさそうです。ニュージーランドは英国、オーストラリア、カナダとともに米国との間に化学兵器開発協定を結んでいました。

米国防総省はニュージーランド政府に速やかに50万ガロン（１９００キロリットル）のオレンジ剤を供給できる体制がとれるか打診しました。その結果、１９４８年から２４５Ｔを生産していたＩＷＤ社が候補に挙がり、他社の参入阻止を政府が保障したのです。

年産50万ガロンとは、米国内の総生産量に匹敵する膨大な量です。ＩＷＤ社が１９４６年から１９８７年までに生産した２４Ｄと２４５Ｔの合計は２万キロリットル以上と発表されています。

ＩＷＤ社は、１９６９年まで、原料である２４５ＴＣＰを自社で製造せずに全量輸入に頼っていたと元幹部が告白しています。これは、膨大な需要に対応するため分業体制を選び、原料の確保は外注としたのだと推測されます。三井化学のニュージーランド向け２４５ＴＣＰは全量ＩＷＤ社で２４５Ｔに加工され、その後ベトナムで混合されて「枯葉剤」となったとみられます。

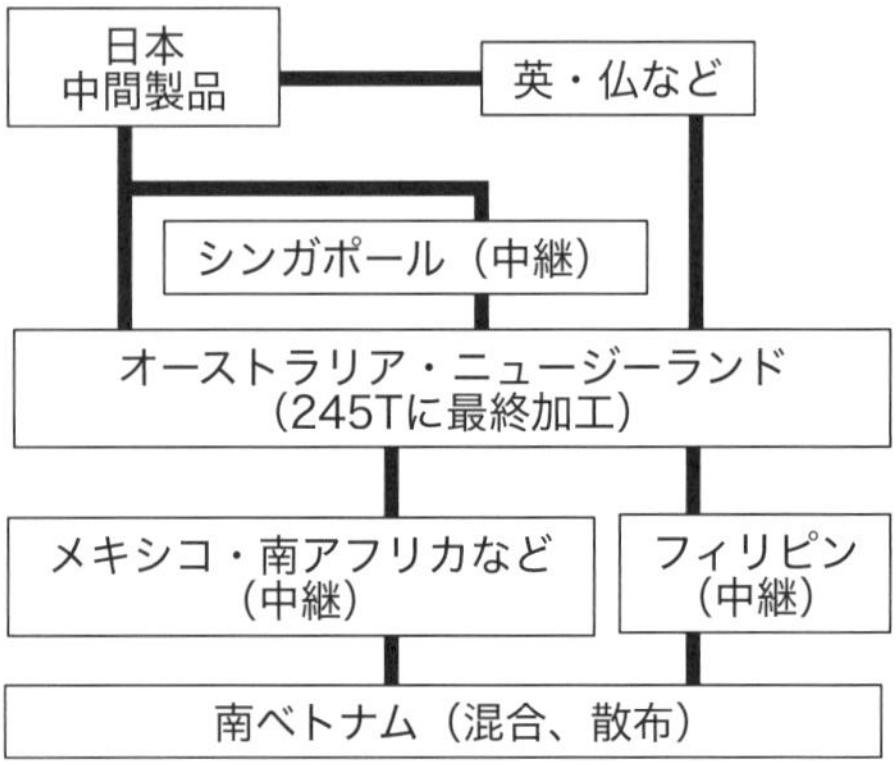

枯葉剤245T供給体制

これに対し、ダウ・アグロサイエンス社（旧ＩＷＤ社）は、枯葉作戦への関与はないと、自社のＷＥＢサイトで反論しています。

> １９９０年にニュージーランド外務省と国防委員会は、オレンジ剤がニュージーランドで製造されたという情報に基づいて調査したが、そのような申し立てを支持する証拠は見つからなかった。さらに、同社はニュージーランドで製造した２４５Ｔを米軍に販売しなかったことを確認した。

この年、１９９０年には労働党政権が倒れ、政権交代が起きていました。このことが調査結果に影響している可能性は十分考えられます。前出のＩＷＤ社元幹部は、隠ぺい工作についても語っています。

> われわれがオレンジ剤に関与していることに気づかれないために、製品をわざわざ南アフリカやメキシコに出荷。そして、そこから改めて最終目的地である南ベトナムに送ったのです。

わざわざ第三国に迂回輸出してベトナムの枯葉作戦用であることを隠ぺいしていたのですから、「米軍に販売しなかったことを確認」と弁明したところで、何の反論にもなっていません。

ＩＷＤ社元幹部の告白から、枯葉剤（オレンジ剤）を２４Ｄと２４５Ｔの１：１混合物とした理由もわかりました。民間化学会社が生産するのは、あくまで「除草剤」であって、混合して初めて「オレンジ剤」となるのです。もし製造元が発覚しても「オレンジ剤は作っていない」と言い逃れできるための予防措置だったというわけです。１：１の混合なら誰でもできます。

三井東圧化学の副社長・平山氏は「（輸出先で加工されてベトナムの枯葉作戦に使われているという）事実があるなら、ぜひ教えてもらいたいものだ」と記者会見で開き直ったと伝えられましたが、米国や南ベトナムに直接送っていないと明言できたのはこういうカラクリがあったからでした。

次のＩＷＤ社元幹部の証言は、ダイオキシンのことを語っていると考えられます。製品中のダイオキシン濃度の低減化に失敗していましたが、ダウ・ケミカル社からの指示が不十分、または不適切だったと不満を述べています。

オレンジ剤の生産開始当初、われわれの製品は品質規格を守れませんでした。しかし、それ以上に問題だったのは、米国ダウ・ケミカル社より入手した製法などに関する技術情報に製品の安全性に関する情報が含まれていなかったことでした。私たちは製品が人体に有害だとは知らされていなかったのです。

その結果、ＩＷＤ社の元従業員に癌が多発しました。ウェリントンのマッシー大学公衆衛生研究センター所長のピアーズ教授が、元従業員は国平均の２～３倍の癌罹患率であるとの調査結果を発表しています。癌死に関してはニュージーランドの平均に対し、２４５Ｔ工場以外の従業員はプラス24％、２４５Ｔ工場の営繕部署はプラス46％、２４５Ｔ工場の従業員がプラス69％でした。ピアーズ教授は、「同社がベトナム戦争の間、枯葉剤の供給基地であったことを思い出さなくてはなりません。ベトナムで起きていることはここでも起こりえます。（ニュージーランド）労働省は今回の調査と同様の内容の調査を、工場周辺住民を対象に実施すべきです。しかし、誰もそのような動きをしていません」と話しています。

これに対し、ダウ・アグロサイエンス社は「今回の研究は発癌リスクが高まっていることを示したものではない」との声明を出しています。ダウ・ケミカル社の責任者コリンズ博士（疫学）は「枯葉剤散布者の発癌率は平均以下で、工場労働者の発癌率のアップも統計学上有意な差ではない」と反論しています。

ＩＷＤ社元幹部はさらに次のように語りました。

（枯葉作戦が中止になって）使われずに余ったオレンジ剤は完全にお荷物で、ニュージーランド国内の農場で２４５Ｔ除草剤として再利用され、さらに余った数千トンの化学製品は工場に隣接する「実験農場」と呼んでいた場所に大きな穴を掘って埋めました。今でもニュープリマス郊外の地下に眠っていると思います。

実は当時の社内会議で、オレンジ剤の遺棄について科学者からいくつかの懸念が述べられていました。しかし、その懸念は無視されて遺棄されたのでしょう。遺棄に関して内部告発があったのか？　１９７２年には埋設当時の様子が地元紙「タラナキヘラルド新聞」に写真付きで掲載されています。また、ＩＷＤ社の工場付近の海岸で化学物質が入ったドラム缶が住民に発見されていますが、地元紙は同社常務のインタビューを掲載し、「ＩＷＤ社の管理下にあり危険性はない」と報道しました。

このように、ニュージーランドでも枯葉剤のずさんな処分が行なわれていたのです。もちろん日本でも同じことが起こっていました。しかも日本では、余った枯葉剤を全国の林野に埋め捨てにした林野庁が、年2回パトロールをして異常がないことを確認していると言い続けています。

ＩＷＤ社元幹部の証言で、ニュージーランド政府が、ＩＷＤ社がオレンジ剤の製造に関与した証拠はないとした、１９９０年の調査結果が根底から覆されたのです。これを受けて２０００年12月、ニュージーランド退役軍人協会は政府に再調査を要求しました。

これまでＩＷＤ社は枯葉剤とは無関係としてきた政府は国民党による保守政権でしたが、この前年（１９９９年）に政権交代があり、労働党政権が誕生していました。ＩＷＤ社元幹部が告白できたのも、この政権交代があったからでしょう。ニュージーランド保健省は２００１年2月、工場周辺住民の血中ダイオキシン濃度の測定を発表。さらに工場周辺の土壌調査を7月に行ない、9月に調査結果が発表されることになっていました。

ところが、2001年9月11日、米国で同時多発テロ事件が発生。さらに米国は「大量破壊兵器保有」を口実にイラク戦争を始めるなど世界情勢は急展開してしまいました。そんななか、ニュージーランドの枯葉作戦関与疑惑の追及は忘れられていきました。

その後、ABCオーストラリア国営放送は2005年1月9日に、「ニュージーランド政府がベトナム戦争の期間中に、米軍に枯葉剤を供給していたことを認めた」と報道しました。ニュージーランドのクラーク労働党政権のハリー・ダインホーベン運輸大臣（ニュープリマス市選出）が「1960年代に枯葉剤に使われた猛毒の化学製品はニュージーランドのニュープリマスからフィリピンのスービック湾にある米軍基地へと輸送されていた」と、地元紙「サンデーニュース」に語ったという伝聞情報を伝えたのです。この報道の中で、ABC放送は「ニュージーランド政府はジュネーブ議定書（化学兵器の使用禁止）違反に問われ、ただちに、枯葉剤被害を受けたベトナム帰還兵やベトナム人からの訴訟の嵐に直面するだろう」との見通しを述べています。

残念ながら、翌日ダインホーベン大臣は、ABC放送が報じた枯葉剤供給を認めたとの内容を、「ニュージーランドからフィリピンへ枯葉剤を輸送したことを証明する物的証拠があるわけではなく、すべて地元のニュープリマス市民の証言のみで、ニュージーランドが枯葉剤を供給したという確たる証拠を持っているわけではない」と後退させています。

２０１４年７月４日、ニュージーランド文化遺産省が運営する「ベトナム戦争オーラルヒストリープロジェクト」に、「ニュージーランドで枯葉剤が作られた？」（ノエル・ベネフィールド作）という署名入り記事が掲載されました。ここには、日本が１９６７年の秋から突然２４５ＴＣＰの生産を始めたいきさつも綴られています。

---

イワンワトキンス・ダウ（ＩＷＤ）社は、ベトナム戦争中にニュージーランドでオレンジ剤を製造したか？　多くのジャーナリストがこのテーマに口をぬぐって素知らぬ顔をしている。発表された数多くの言葉の中には、事実はほとんどなかった。私が事実にたどり着くことができると思った唯一の方法は、私自身が調べてみることだった。

１９６６年12月、米軍南ベトナム軍事援助司令部（ＭＡＣＶ）は、太平洋軍司令官（ＣＩＮＣＰＡＣ）に次のように進言している。米国の懸念事項として、オレンジ剤（代表的な枯葉剤）のひっ迫があった。枯葉剤の運用の価値はベトナムで証明されており、（米軍が）必要な量を確保できなかった場合、軍事作戦に容認できない影響を与える可能性があった。

そこで、米軍南ベトナム軍事援助司令部は、米国内の化学企業が製品の増産または民生用から軍需用途への優先供給の可能性を調査することを要求した。そして、１９６７年４月３日、戦争資材の生産を強制することができるとした防衛生産法（１９５０年成立）に基づき、米軍ビジネス防衛サービス局（ＢＤＳＡ）は、枯葉剤の主要メーカーであるダウ・ケミカル社に生産能力いっぱいの月９万３０００ガロンの枯葉剤を供出するよう指令を発出した（※この発注が、楢崎弥之助氏の国会質問で出てくる『ビジネス・ウィーク』誌が取り上げた245T大量発注のことだと思われます）。

ダウ・ケミカル社は、南ベトナムの米軍が使用するオレンジ剤の約3分の1を供給していたが、製造コストが自社製（1ガロンあたり7・4ニュージーランドドル）より安価なIWD社（1964年に50％出資して子会社化。1ガロンあたり6・5ニュージーランドドル）に着目したのは当然のことだった。

1967年7月12日、ニュージーランド国防相はIWD社のダン・ワトキンス社長と連絡をとり、米国防長官に電話をかけ、IWD社が米軍の南ベトナムでの需要を満たすのに役立つ可能性があることを伝えた。ところが、IWD社は、米国大使館通商部とのやり取りから、自社の245Tは米国の製造コストよりは安いものの、生産能力（年産2万ガロン）が小さ過ぎて見向きもされないだろうと考えていた。そこで、IWD社は、ニュージーランド商工大臣に働きかけて、原材料の入手に支援を要請。これによって年間8万ガロンに生産量を増やす目途が立った。さらに、ニュージーランド国防相は、南ベトナムへの枯葉剤供給を支援するために最大限の努力をしたいと述べた。ニュージーランド政府当局は、ニュージーランド空軍が定期的に大量（最大10トン）の枯葉剤を南ベトナムに空輸することができるかどうかを調査したが、1967年7月14日、空軍による輸送は可能性が低いことがわかると、海軍の軍艦エンデバーやニュージーランド航空の商用貨物船を含む、他の選択肢も検討した。

7月20日、米国防長官は、米国大使館商務部長との会談の結果についてニュージーランド国防大臣に次のように報告した。

最も可能性の高い供給元はオークランドのポリマー・プロプライアテリィ社であり、日本からの原材料供給分を利用すれば、年間50万ガロン（1900キロリットル）を生産することが可能。しかし、米国大使館からこの方針は望ましくないとのアドバイスを受けた（※当初、オークランドの他社が受注するはずだったというIWD社元幹部の証言と一致）。

7月25日、この問題はさっそく、地元紙の『ニュージーランド・ヘラルド』が「国内で化学薬品を作る可能性」と報道し、枯葉剤の供給問題はたちまち大衆の知るところとなった。4日後、米国大使館は、ニュージーランドでの枯葉剤生産に関する交渉に参加しなかったとの反論を発表。8月8日、ニュージーランドのエドワード・スタンフォード首相は議会で、「米国政府はニュージーランドからの除草剤の購入にまったく関心を持っていなかった」とし、「ニュージーランド政府はこの問題にまったく関与していなかった」と述べた。しかし、IWD社は米国の軍事的要件であることを認識し、南ベトナム向けの除草剤を製造する能力の詳細な分析を行なったこと、また、さまざまなニュージーランド政府の閣僚が調査に関わったことも明らかである。


ニュージーランドの枯葉剤製造に関する疑惑は1980年代末に再浮上した。1989年3月13日、ベトナム退役軍人協会は、1960年代後半にニュージーランドでオレンジ剤が製造されていたことに関する証拠を持っていると発表。それに対し、IWD社は1967～

1968年に245Tを米国に送ったことを認めたが、彼らはこれらの輸出がオレンジ剤の生産には適さない薬剤（イソオクチルまたはブトキシエタノールエステル）であると主張した。さらに、IWD社は、米国に送った「控えめな量」の245Tは、ミラー社とアムケム社（米国のオレンジ剤生産が特定されていない化学企業）向けであって、親会社のダウ・ケミカル社には送っていないと述べた。調査委員会の報告書は、「IWD社がベトナム戦争中にニュージーランドでオレンジ剤を製造したという主張を立証するだけの決定的な事実や証拠は発見できなかった」と結論づけた。

イワンワトキンス・ダウ（IWD）社はのちにダウ・アグロサイエンスと社名を変更。その後、親会社のダウ・ケミカル社がデュポン社と合併したことで、2019年6月に社名をコルテバ・アグリサイエンスに変えている。2001年、タラナキ地域評議会は、ニュープリマスにあるIWD社の除草剤工場周辺で、発癌物質ダイオキシンを含む薬品廃棄物が周辺のさまざまな場所に埋められているのではないかとの懸念から調査したが、不法投棄の証拠は見つからなかったとのことです。

最後に、ノエル・ベネフィールド氏は次の言葉でレポートを締めくくっています。

「最も興味深いのは次の問いに対する答えでしょう。誰が日本からのトリクロロフェノール（245TCP）の供給を受け取ったのか？」

## オーストラリアは、ニュージーランドと並ぶ最終加工工場

三井東圧化学が、ニュージーランドと並ぶ主要輸出先としたオーストラリアではどうだったのでしょうか。

２００４年4月18日、ＡＢＣオーストラリア国営放送は、西オーストラリア州キンバリーの林業労働者の間でダイオキシン特有の症状が広がっているという事件を放送しました。ベトナムでの枯葉作戦が中止になってから、行き場を失った枯葉剤が「除草剤」としてオーストラリアの山林に散布された結果と考えられます。散布しきれずに残った除草剤が、ドラム缶に入ったまま山林に埋められていたのです。その番組の中で、オーストラリア国立大学化学科名誉教授のベン・セリンジャー氏はインタビューで次のようにコメントしています。

「除草剤」は１９６０年代後半から１９７０年代前半にかけて、ベトナムに大きな市場を持っていた日本、英国、米国の化学企業からオーストラリアに持ち込まれたことはほぼ間違いありません。「除草剤」の多くは、シンガポールを経由してオーストラリアに持ち込まれています。シンガポールには除草剤を生産する大手企業がなかったので、国（オーストラリア）の統計局には好都合でした。

シンガポールからの「除草剤」の輸入は１９６９年から１９７１年にかけての間だけで、それ以外はまったく輸入されていません。われわれは、輸入統計から、シンガポール経由で輸入された膨大な量の「除草剤」の痕跡を入手しました。米国の枯葉作戦が中止されたことは、それら化学企業にとっては枯葉剤市場が突然なくなったことを意味します。彼らはベトナムに代わる新たな売り込み先を求めていたのです。

三井東圧化学が記者会見で、２４５Ｔとその原料２４５ＴＣＰの輸出先として挙げた国のうち、シンガポールは中継窓口、オーストラリアはニュージーランドと並ぶ最終加工工場だったと考えられます。オーストラリアとニュージーランドで最終加工され、さらにメキシコなどを経由して、ベトナムの米軍基地に持ち込まれ、そこで混合されて化学兵器「オレンジ剤」となったのです。ベトナム戦争当時、２４５Ｔの原料である２４５ＴＣＰを輸入していたのは、シドニーのユニオン・カーバイド（ＵＣＣ）社でした。

ＵＣＣ社は米国の巨大多国籍化学企業のひとつで、第二次世界大戦後シドニー郊外ローデス（ホームブッシュ湾）で有機塩素系農薬を生産していたチンボール社という地元企業を買収して、２４５Ｔの生産を開始しました。ＩＷＤ社同様、枯葉作戦が中止された１９７１年には大量の２４５Ｔ及びその副産物を在庫として抱えることになりました。イタリアでセベソ事件が起きた１９７６年まで事業を続けていますが、結局大量の在庫の処分に困ったあげく、ホームブッシュ湾に投棄して深刻な海洋汚染を引き起こしたのです。

## 第3章　日本版枯葉作戦

### 林野庁からの委託研究

日本国内に目を転じてみると、三井東圧化学の枯葉剤原料製造は、通産省（現・経済産業省）は言うに及ばず、農林省（現・農林水産省）、厚生省、労働省（ともに現・厚生労働省）などの中央省庁から大学、福岡県、裁判所までもが加担した国策でした。
だから、日本社会党の楢崎弥之助氏が国会で追及した際、三井東圧化学の副社長はあわてて通産省に駆け込みます。隠ぺい工作の相談はしても、「陳弁に努めた」わけではなかったはずです。

中央省庁の関与を説明する前に、枯葉剤２４５Ｔの大まかな製造工程を紹介します（49ページの図参照）。

２４５Ｔはベンゼンと塩素を原料として製造されるわけですが、その過程で多くの副産物（産業廃棄物）が発生します。その副産物が極めて有害であり、しかも大量に発生するために、副産物処理は極めて厄介な問題でした。それらの利用法を見つけ出すことは、ベトナム枯葉作戦遂行上のボトルネックであり、最重要課題だったと言ってよいでしょう。

大量に処分できる手段として最初に思いつくのは、農薬や肥料として再利用すること。２４５Ｔの場合も、わが国では、やっかいな副産物を殺虫剤や除草剤などの農薬に転用することが検討されました。日本全体にまんべんなく広く、薄く散布することで、汚染が人体や自然環境の許容量の範囲内におさまってくれれば、〝何の問題もなかった〟で済まされます。しかし、現実には問題が次々と顕在化していくのです。

その問題は、当該農薬がもともと殺虫剤や除草剤として開発されたものではなかったことから発生しました。枯葉剤製造時の副産物（残りカス＝産業廃棄物）の再利用であることが、大きな問題を引き起こしたのです。

最初から農薬として開発されたものならば、効果が高い成分だけで構成されているはずですが、廃棄物の再利

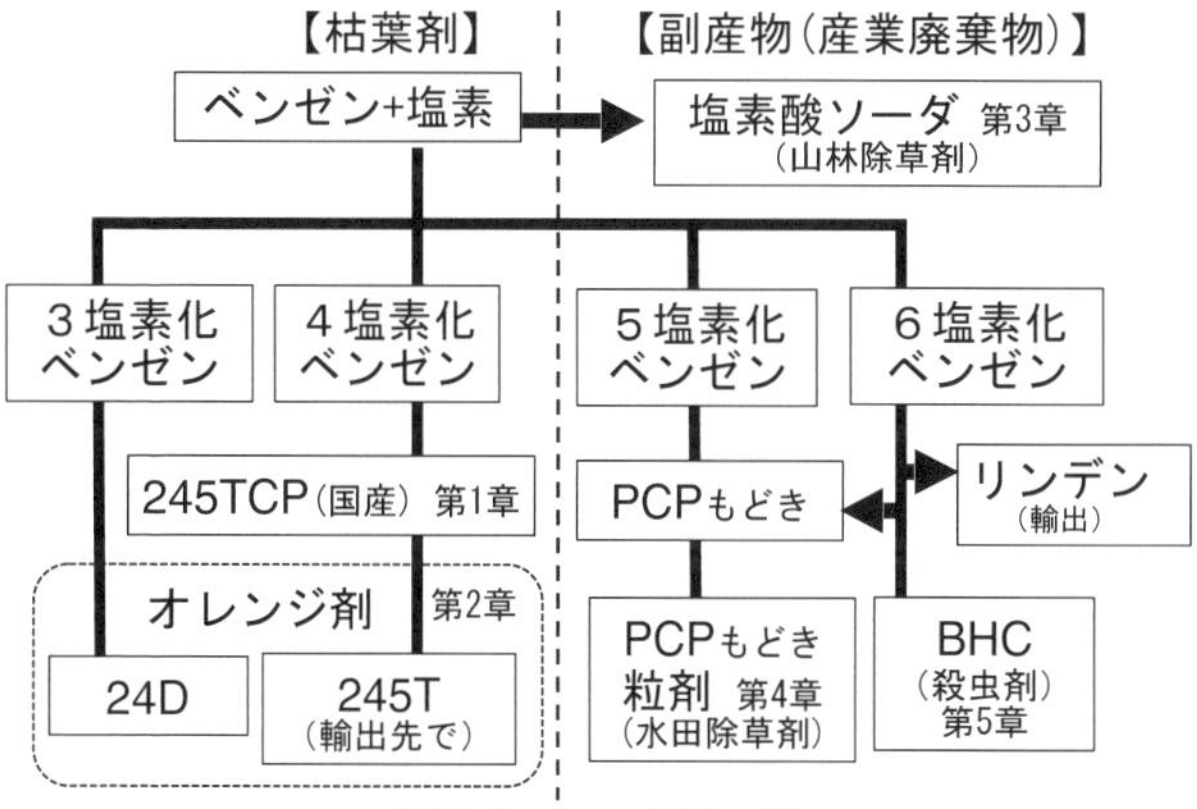

枯葉剤245Tの製造工程

用である当該農薬には有効成分の濃度が低く、不純物が多く含まれています。

改めて49ページの図を見てください。主な副産物（産業廃棄物）は塩素酸ソーダと、塩素数５と６の塩素化ベンゼンの３つ。塩素酸ソーダは山林除草剤、塩素化ベンゼンは水田除草剤や殺虫剤へと利用されましたが、いずれも不純物だらけで、塩素酸ソーダはほとんどが塩、ＰＣＰは4割が不純物、ＢＨＣに至っては有効成分はわずか1割程度に過ぎませんでした。１９６０年代を代表する農薬は不純物の方が多いという異常な構成だったというわけです。

このような危険な農薬を日本列島に広くまいたわけですから、「日本版枯葉作戦」と呼ぶにふさわしい行為と言えるでしょう。日本列島が枯葉作戦遂行のための廃棄物処分場に使われたと言っても過言ではない状況です。

そして、それを実現するためには、「散布は安全である」とのお墨付きが必要でした。つまり、枯葉剤の原料製造は、複数の中央省庁、大学、都道府県庁、裁判所までもが加担した国策でした。

中央省庁のうち、まず農林省（現・農林水産省）の外局である林野庁の関与から話を始めます。

米軍がベトナムのジャングルに枯葉剤を散布していた時期に、日本では林野庁が国有林に塩素酸ソーダを中心とする除草剤を散布していましたが、それらは枯葉剤製造時にできてしまう副産物です。そして三井東圧化学が枯葉剤２４５Ｔを生産し始めると、林野庁もまた２４５Ｔを国有林に散布し始めたのです。

林野庁は省力化を口実にして住民を欺き、労働組合の反対運動を弾圧し、大臣の意向を無視してまで散布を強行しました。そのような暴走はベトナムでの枯葉作戦が中止された後も続き、林野庁が残した負の遺産である国土の汚染はあまりにも大きなものでした。

ミミズ研究で有名な中央大学名誉教授・中村方子氏の『ミミズに魅せられて半世紀』（新日本出版社、２００１年）の中に「人間として許せない出来事」という項目があり、ここに林野庁が「日本版枯葉作戦」が安全であるとする捏造研究を大学に委託していた事実が記されています。

その出来事は、アメリカのベトナム侵略戦争の際の枯葉作戦との関わりであった。「枯葉剤は人畜無害であって、これを用いるのは敵の隠れ場所をなくして友軍の安全をはかるだけの作戦であり、非常に人道的な作戦である」と報道しながら米軍は連日多量の枯葉剤をベトナムで散布し、その結果がもたらした人命や自然に対する計り知れない破壊行為は今では弁明の余地はない。

こうしたなかで、日本でも多量の枯葉剤が森林の下草管理を目的として散布され、東北に住んでいる分布北限のニホンザルに多くの奇形児が生まれ問題になった。この散布が実施される前に、この枯葉剤散布を是とするための「研究」が求められたのである。それはかつて水俣において有機水銀中毒患者が発生したとき、工場排水に原因があることの真相追及をはぐらかすために複数の御用学者が関わったこととも類似していた。東北のブナ林の下草管理を人手に代わって、枯葉剤散布に切り替えようとした営林署が、事前に枯葉剤散布は環境に悪影響を及ぼさないというデータを出してくれることをK先生に頼んできたのである。そのデータを学会誌等に発表しないことも含めてK先生は引き受けられたのである。私は当然協力を拒否して批判した。

「K先生」の怒りはいかばかりだったでしょう。中村方子氏（当時は東京都立大学助手）は幸い教育公務員特例法によって解雇を免れたものの、15年間も研究者として「干された」状態に置かれました。文中にある「出来事」の時期は明示されていませんが、彼女の経歴から逆算すると１９６３年前後のことと推測されます。当時林野庁が国有林に散布していた「除草剤」と称する薬剤は、枯葉剤の製造で最も多量に副生される塩素酸ソーダを中心に、枯葉剤成分そのものから枯葉剤製造に伴うさまざまな副産物（産業廃棄物）まで多岐にわたっていました。副産物の処分は枯葉剤製造の成否を握る重要なカギのひとつですから、林野庁が委託した捏造研究はこれら枯葉剤関連薬剤がリストアップされていたはずです。

中村氏（当時は助手）の協力拒否によって、枯葉剤散布は安全だとするK先生の捏造研究は大いに停滞を余儀なくされたのだろうと思いきや、中村氏の話によると、その研究は主に山形県の月山で行なわれ、男子学生たちは捏造と知ってか知らずか、「酒がうまい、料理がおいしい」と嬉々として研究に加わっていたそうで、進捗に支障はなかったとのことです。中村氏ひとりに、K先生による嫌がらせが続きました。中村氏の別の著書に、恩師として都立大学教授の北沢右三氏（１９８４年没）が紹介されていますので、K先生とは彼のことで間違いないでしょう。北沢氏は日本土壌動物学会の創設者のひとりで、のちに同学会の会長も務めています。
林野庁の要請に応えた研究成果は、「そのデータを学会誌等に発表しない」と林野庁と約束したという中村氏の証言どおり、北沢氏の死後、たぶん事情を知らない共同研究者によって発表されたものと思われます。北沢氏の追悼特集が組まれた日本土壌動物研究会の学会誌（第33巻、１９８５年10月号）に「ブナ天然林およびその伐採跡地においてササ除草剤塩素酸ナトリウムの散布が土壌動物に与える影響」（塩素酸ナトリウムは塩素酸ソーダの別称）、「月山のササ草原における塩素酸ナトリウム散布がササラダニ類におよぼす影響」という論文が掲載されています。塩素酸ソーダの始末は林野庁にとって最重要課題のひとつだったようです。

## 塩素酸ソーダの洗礼

トンキン湾事件から2年になる１９６６年、林野庁は6月14日付通達で飛行機（ヘリコプター）による除草剤散布を認めました。「日本版枯葉作戦」の始まりです。この頃、米国の枯葉剤メーカーであるダウ・ケミカル社は囚人70人に対して枯葉剤を使った人体実験を行なっています。しかし、米軍はこの年、ベトナムへ前年から倍増の37万の兵員を送り込むも、マクナマラ国防長官は勝利を疑うようになったといわれます。

林野庁の通達では、集落の近くや水源地には散布しない、散布エリアに作業者がいないことを飛行前に確認することとなっていますが、「全林野新聞」には、山に入っていた作業員の頭上から塩素酸ソーダが降り注いだ、弁当の上にも降ってきた、水源のイワナが死んだ、養魚場の魚が全滅した、放牧していた牛馬が死んだといった記事がたびたび掲載されるようになりました。

空中散布は「省力ならびに経費節減」が目的という林野庁の説明でしたが、導入してすぐの１９６６年10月に早くもその理屈は突き崩されています。全林野（全国林野関連労働組合）前橋分会が、除草剤は人体への影響があるばかりでなく、人間による下刈りよりも高価につくというデータを具体的に示したのです。「全林野新聞」（１９６６年10月６日）によると、除草剤使用の場合は人間による下刈りの約2倍のコストがかかるとのことです。それに対し、林野庁長官は「散布面積が広がれば経済効果が表れてくる」と譲りませんでした。

事故が続いても、コスト高でも、住民の生活が脅かされても、反対運動が各地で起きても、林野庁長官は「散布を中止しない、延期するつもりもない」とかたくなに言い続けました。厚生大臣が「除草剤使用には慎重を期したい」と言っても、林野庁長官の松本守雄氏は「住民には夜遅く朝早く出かけていってでも説得に努める」（１９７０年10月９日・衆議院社会労働委員会）と並々ならぬ執念をみせています。

実際、営林署と関係が深い製材業者である町議をまず切り崩し、反対署名をした住民に対して、下請業者や営林署管理職が夜討ち朝駆けで戸別訪問し、署名撤回を要請。住民は地域社会を分断する行為に困惑しました。

塩素酸ソーダには、そのままでは発火しないが、有機物が混在すると引火しやすくなるという問題があります。営林署が、（安全性も除草効果もわからないまま）塩素酸ソーダの散布を始めてから、この薬剤に由来する火災事故が多発。青森では死亡事故まで起きていて、国会でも塩素酸ソーダ散布の是非が問われれました。

日本社会党の参議院議員・北村暢氏は「塩素酸ソーダは引火性があり危険。山林除草剤に使うなら引火性のない塩素酸石灰を奨励するのが普通だ」との、農薬検査所や林業試験場の意見を紹介。「林業試験場の長年の研究成果がどう活かされて塩素酸ソーダを使うことになったのか？」と質しました。これに対して林野庁長官の吉村清英氏は、塩素酸ソーダの市販品をそのままいきなり事業化して使っていることを認めたうえで、「塩素酸石灰が適当だとの意見までは聞いていない」「効果の確認には試験面積を広げる必要がある」とまともに答えていません。

ちなみに1961年度の塩素酸ソーダの山林除草剤としての使用量は、吉村林野庁長官は「試験的」と言いながら、国有林3000町歩（約1ヘクタール）に229トンという大規模なものでした（1962年10月30日・参議院決算委員会）。

**北村暢氏**　試験散布と言いながら、死者が出た青森では、監督もいない、使い方の指示もない、ただ作業員にまけと言うだけで、彼らに手でまかせている。試験の体制でもない。いったいどういうことか？

**吉村清英氏**　あらかじめ十分な注意をしたと報告を受けている。事故があったのでさらに厳重に注意をした。

**北村暢氏**　林野庁は昭和電工の塩素酸ソーダを使っているが、青森営林局の経営部長の指示を書いたプリントを見ると、メーカーの昭和電工が出した宣伝ビラを文書にしただけではないか？　林業試験場の結果に基づいて使用方法を決め、その方法ならばこんな効果が出るというものがなければならないのに、市販であるというだけで林野庁は使っている。使うことになったから、しゃにむに使うというやり方は軽率ではないか？　私には理解できない。

ここで委員長が速記を止めさせていて、その後どのようなやり取りがあったかは、今はもうわかりません。質疑もここで終わっています。林野庁が東京都立大学のK教授に、散布薬剤は安全だとの試験結果を出してくれるよう要請したのは、この頃だったのかもしれません。

青森での火災の原因について、吉村氏は「タバコの火が引火」と説明しましたが、日本社会党の参議院議員・矢山有作氏は「もともと非常に危険な薬剤だと承知している」「そんな危険な薬剤を使わせるのに事前の説明もないまま、作業員に強制的に使わせている。そのために警官まで動員したとも聞いている」と林野庁側の強引な使わせ方を指摘しています（1963年3月14日・参議院農林水産委員会）。

塩素酸ソーダには、火災の危険性以外に毒性の問題も指摘されています。1970年10月9日の衆議院社会労働委員会で次のようなやり取りがありました。

１９７０年7月、長崎県島原半島の雲仙岳放牧国有林内に放牧していた牛のうち6頭が死亡して、３頭が行方不明になるという事故が発生。その前に牧場に隣接する林地13ヘクタールに、１ヘクタールあたり１６０キログラムの塩素酸ソーダを散布していたことから、塩素酸ソーダが原因ではないかと疑われました。しかし、長崎県警鑑識課の見解では「塩素酸ソーダが原因とは断定できない」とのことで、「原因不明」で決着したとのこと。

１９７０年7月30日には、北海道中川郡美深町のパンケ養魚場でヤマベ5万匹、ニジマス２０００匹が死亡。原因として、直前に10キロほど上流で散布された塩素酸ソーダが疑われたが、北海道衛生研究所の分析で、池や川の水から塩素酸ソーダが検出されなかったため、「原因不明」で処理されました。

塩素酸ソーダによって農産物被害も発生しています。１９６９年、山形県小国営林署管内でカボチャ、スイカ、小豆の畑に塩素酸ソーダによる被害が発生したと、5人の住民が営林署に抗議。そこで営林署が見舞金を出すことになったのですが、その見舞金の出どころが国ではなく、塩素酸ソーダのメーカーだったというのです。この指摘に対して、林野庁長官は「調べて後刻、報告する」と回答。こうなると、塩素酸ソーダの散布は国の事業ではなく、メーカーの下請け作業（廃棄物処理）であることを認めているようなものです。

宮城県花山村では、除草剤の散布を心配した村長が営林署を訪ね、「慎重を期してやってください」と申し入れ、営林署も約束したのに、村長が自宅に帰ったときにはもう散布されていたという事件もありました（１９７０年７月10日・衆議院産業公害対策特別委員会）。

秋田県玉川村では、特別天然記念物ニホンカモシカの生息地に塩素酸ソーダを散布。３日後に口から泡を吹いているカモシカが発見され、死亡が確認されるとその内臓を営林局が持ち帰りましたが、死因は不明のままです。

これらの営林署を管轄する青森営林局の営林局長は記者会見で「野生生物の保護も、水の汚染も調査する」と表明しましたが、追及されて渋々調査するという対応が続きました。

除草剤の影響調査に参加した全林野労組のメンバーは「森林（ヤマ）は死に、人は滅びつつある」と感想を漏らしています。

この頃、全国の営林署で「薬剤散布の虎の巻」と呼ばれたパンフレットが出回っており、多くの管理職が参考にしていたようです。そのパンフレットのまえがきには次のように書かれていました（１９７０年10月９日・衆議院社会労働委員会）。

「最近、地ごしらえ、下刈りなどの造林作業に除草剤が盛んに使われるようになりました。場所によってはヘリコプターによる散布も行なわれています。このように一般化してきた除草剤も、使い方を誤るとせっかく丹精こめて育てた植栽木を傷めたりします。これは除草剤本来の作用ですが、また不用意な使い方をしたりしますと、薬剤によっては家畜や魚類に害を与えたり、時には人間生活にまでその害が及ぶことがあります。『農薬による公害』がこれです」。

要は「使い方の問題」であって、塩素酸ソーダの性質の問題ではないというわけです。実際、林野庁は「除草剤・塩素酸ソーダは食塩と同じ成分で安全」と説明。安全性を疑問視する住民に問い詰められて営林署管理職が除草剤を飲んでみせるというパフォーマンスまであって、住民は「営林署はキチガイ同然」とあきれました。（全林野新聞・１９７０年12月29日）

まさか、「薬剤散布の虎の巻」に、どう説明しても安全性を疑う住民がいたら、最後は塩素酸ソーダを飲んでみせろと書かれていたわけではないでしょうが。

そのような林野庁の執念の結果、散布面積は年々増加し、１９６７年度５万２９００ヘクタール、１９６８年度６万ヘクタール、１９６９年度７万４３００ヘクタールに散布（１９７０年10月９日・衆議院社会労働委員会）。種類別では１９６９年度の実績で、塩素酸ソーダが面積で５万４０００ヘクタール（製剤量５２８０トン）、枯葉剤２４５Ｔも散布されていて、面積で１万９２００ヘクタール（製剤量で５７０トン、このうち２４５Ｔ原体は7トン）、スルファミン酸系は全体の使用量の１％程度（１９７０年10月27日・参議院農林水産委員会）。民有林でも、林野庁が強力に要請した結果でしょうか。１９６９年度の使用面積は3万６０００ヘクタールに達しました（１９７０年12月８日・衆議院農林水産委員会）。このように、山林に散布された除草剤は塩素酸ソーダが大部分を占めています。

なぜ林野庁は「キチガイ」呼ばわりされるほどの執念で、塩素酸ソーダの散布にこだわったのでしょうか？

そもそも塩素酸ソーダとは何でしょうか？　まず塩素酸ソーダの製法を見てみます。塩素に苛性ソーダを反応させると塩素酸ソーダと食塩ができます。

$$3Cl_2 + 6NaOH \rightarrow NaClO_3 + 5NaCl + 3H_2O$$

（塩素）　（苛性ソーダ）　（塩素酸ソーダ）　（食塩）　（水）

この反応式から、林野庁が「除草剤は食塩と同じ成分」と宣伝していた意味が理解できます。正しくは「除草剤には（精製していないので）食塩と同じ成分が残ったままになっている」というだけの話で、安全かどうかとは別問題です。

ただ、これだけを見ても枯葉剤と塩素酸ソーダの関係は見えてきません。49ページの図表「枯葉剤２４５Ｔと副産物処理の関係」を見ると、塩素酸ソーダは２４５Ｔ製造時の初期に大量に発生する副産物（産業廃棄物）であることがわかります。産業廃棄物の処分、それが林野庁の執念の理由だったのです。

枯葉剤の原料２４５ＴＣＰなど有機塩素系農薬の製造には、最初の塩素化の段階で塩素ガスが使われます。化学反応で使われなかった余分の塩素ガスは有毒なのでそのまま排出するわけにはいかず、苛性ソーダなどのアルカリ剤で中和・吸収して処理するのです。このとき、副生してしまうのが塩素酸ソーダなのです。

枯葉剤原料を作ろうとすると、その製造段階でできてしまう副産物を処分しなければなりません。副産物の最終処分ができなければ、保管場所の制約から、将来的に製品も作ることができなくなります。そのような重責を担って、塩素由来の副産物（塩素酸ソーダ）は林野庁担当で「山林除草剤」として、第4章で紹介するフェノール由来の副産物（過剰に塩素化されたフェノール）は農林省の担当で「水田除草剤ＰＣＰ」として、広く薄く国有林を中心に処分することにしたのでしょう（49ページの表参照）。

また、農薬の空中散布は、農林省が主管する「農林水産航空協会」（農林省・林野庁・農薬メーカー・ラジコンヘリメーカーなどで構成、ベトナム戦争での枯葉作戦初期の１９６２年設立）をとおして、それぞれが利権増大の恩恵にあずかったことも否定できません。

ところで、林野庁は塩素酸ソーダを「無害な除草剤」と宣伝して、広く散布してきたわけですが、枯らすのは雑草だけでなく、肝心の樹木にまで及んでいることがわかりました（朝日新聞・１９７２年７月31日）。岐阜県の塩素酸ソーダの散布地で、１９６３年から１９６９年に植林したヒノキ６万本が１９７１年10月の散布で全滅したのです。被害は若木に限りません。樹齢１００年から２００年とみられるサワラ、ヒバも塩素酸ソーダの散布地で立ち枯れの被害が出ています。営林署は、塩素酸ソーダは植林地のクマザサを枯死させる以外には害がなく、過疎化で労働力不足の山村には有効であるとＰＲ。散布の際には「食塩と同じもの」と地元の有力者に簡単に説明するだけで、「地元住民の了解を得た」として散布を続けていました。岐阜県小坂町（現・下呂市）の田立好一町長は「無害だという説明で散布に賛成したが、今度のような害があるのがわかれば散布はやめてもらいたい。このまま散布を続ければ下流で洪水の心配もある」と語っています。

## 日本でも枯葉剤投下

林野庁が散布していたのは塩素酸ソーダに限りません。米軍の枯葉作戦で使われたオレンジ剤と同じ成分の除草剤を全国の国有林に散布しています。２４５Ｔは１９６７年６月に農薬登録。２４５Ｔそのものを製造していたのは三井東圧化学と保土谷化学工業の２社で、日産化学と石原産業が原体を粒剤や乳剤に加工しています（１９７０年10月９日・参議院決算委員会）。

ベトナムの枯葉剤とは濃度が違う。しかも農産物には使わない、さらに使用量も少ないので問題はないというのが林野庁の主張です。

**農林省農政局植物防疫課長・福田秀夫氏**　（２４５Ｔは）だいたい造林地にのみ使うというお話でございますし、またその使用量が米国では１ヘクタールあたり３・４ないし４・５キロだと聞いておりますが、わが国では１ヘクタールあたり２キロが限度になっております。ベトナムの枯葉作戦では１ヘクタール12・４キログラムの薬が使われたと聞いております。

散布濃度が低いから安全だという理屈ですが、生体濃縮という性質を無視しています。1ヘクタールあたりの散布量が少ない分、広範囲に散布することで使用総量を増やしたようです。

その結果、日本版枯葉作戦で消費された245Tは粒剤で4494トン、乳剤で109キロリットル（有効成分量としては91トン）という膨大なものでした（1984年7月17日・衆議院環境委員会）。国内で245T系除草剤の散布を最初に報じたのは「北海タイムス」（1970年4月12日）です。当時、日本経済は絶好調。大阪万博が始まった直後のことでした。

## ベトナムの「枯葉作戦」　北海道でもやっていた　北海道大学医学部の調査で判明
## 北見、函館の営林局「無神経」と批判の声

米軍がベトナムの「枯葉作戦」で使用し、世界の学者から自然を破壊するものだと批判された農薬245Tが北海道の国有林で使用されていることが北海道大学医学部の調査で明らかになり、関係者に衝撃を与えている。この農薬は人体にも影響を与えベトナムでは奇形児を作り出しているという。これについて営林局は「使用量が少ないし、皮膚炎などの被害は表れていない」と言っている。

「北海タイムス」によると、245T系除草剤は九州、四国ではすでに広く使われていて、北海道でも1969年に北見、遠軽、江差、森の計30ヘクタールに試験的に散布したとのこと。調査にあ

たった北海道大学助教授の渡部真也氏は「世界的な議論を呼んだ農薬が、なんの抵抗もなく使われていることに問題がある。使用量が多い少ない以前の問題で、公衆衛生の立場上放置することはできない」と話しています。

九州での枯葉作戦（２４５Ｔ系剤＝ブラシキラー散布）は、国会でも取り上げられています。林野庁長官の松本守雄氏は、「昭和43（１９６８）年の7月に宮崎県串間営林署管内の７ヘクタールの区域にブラシキラーを手動の噴霧器で散布しました。その際、隣接の桑に被害が出たとのこと。距離が22メートルから40メートルくらい近いところ。今後はそのようなことのないよう、そういう畑とか人家のあるところから相当離れた場所で散布するよう、実施基準を厳重に守らせるように配慮したい」（１９７０年10月9日・参議院社会労働委員会）。

北海道枯葉作戦は九州より早かったという証言があります（１９８４年6月20日・参議院環境特別委員会）。

**参議院議員・丸谷金保氏（元池田町長）**　昭和38（１９６３）年から43（１９６８）年に２４５Ｔが本別、足寄、陸別、上士幌、広尾、帯広、標茶、釧路、この営林署管内で使用されております。そしてこれは昭和43年に中止しました。全国的に問題になって中止したのは昭和46年です。なぜこういうことになったか。この除草剤は人体に危険性があるということで、労働組合を中心にして地域ぐるみの反対運動があり、私たちも、上流でまかれると水道の水質に関係するということで、行政の長としても反対運動の先頭に立ちました。その結果、北海道営林局ではこれらの営林署に対していち早く見合わせる措置をとったんです。

---

その後の国有林枯葉作戦を伝えたのは主に林野庁の労働組合の機関紙「全林野新聞」でした。全国紙が取り上げたのは下北半島に棲む「北限のサル」（天然記念物）のときくらいで、一般国民が知る機会は少なかったといえるでしょう。

「全林野新聞」では、１９７０年には「枯葉作戦の農薬　秋田局でも使用していた」（5月28日）、「枯葉作戦の青森版」（6月25日）など、立てつづけに国有林枯葉作戦を伝えています。また、枯葉作戦は関東でも行なわれ、群馬県前橋営林署管内でも２４５Ｔを２００トン使用する予定になって

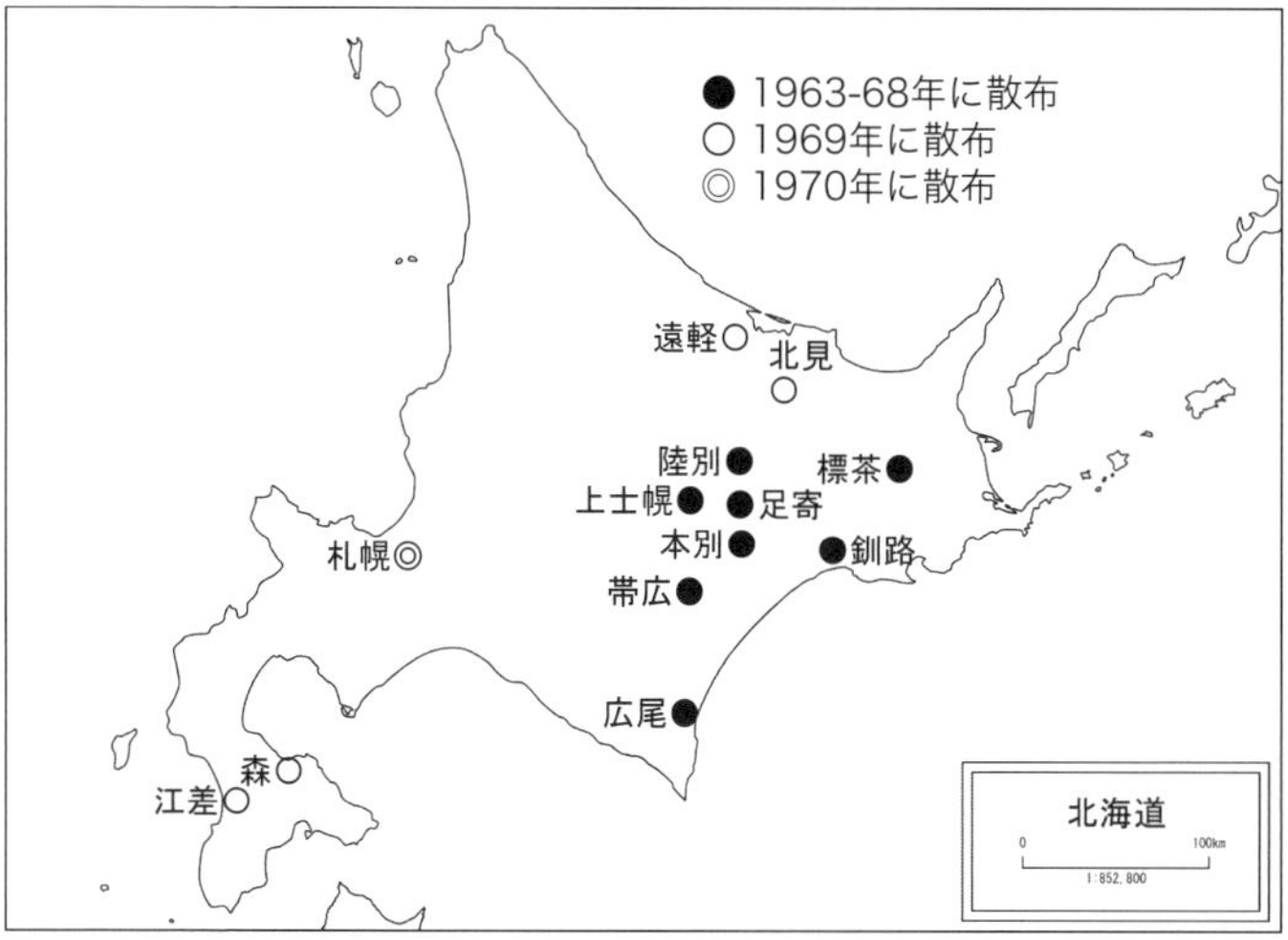

いたことから5月13日、団体交渉で全林野労組は「使用中止」を求めた、との記事があります。
青森版枯葉作戦に対し、1970年6月9日、日本社会党青森県本部から県議2名が青森営林局長に「散布の全面的中止」を要請しましたが、局長は「中止の考えはない。北海道で245T系除草剤の散布中止を決めたのは、散布予定量が最初から少なかったからだ」と回答、物別れに終わっています。なお取材に来た報道関係者には、取材拒否だったとのことです（6月25日）。それから間もなく、青森営林局は、ベトナム枯葉作戦に使われたものと同種の「ブラシキラー」粒剤を中心に塩素酸ソーダなどを管内2620ヘクタールに370トンを7月9日まで散布する計画を公表（7月2日）。散布予定地には下北半島に棲む「北限のサル」がいたため、全国紙が取り上げることになりました。

6月10日には宮城県の横川岳国有林に245T系除草剤を散布。ここにも、天然記念物がいました。魚取沼に生息する「鉄魚《てつぎょ》」で、沼に除草剤が流入する危険性があり、3年前には大量死事件が起きていました。ここでは、ヘリポート用地を貸した住民がヘリポート脇に「今後1カ月立入禁止」という立て札を見つけてびっくり。散布エリアに住民の水源があったために死活問題だと営林署に抗議し、翌日の散布は中止になりました。営林署から地元住民に「○日に空中散布しますからよろしく」とひと言あっただけで、当局の安全対策は「水を飲んではいけない」「牛を放してはいけない」「牧草を刈ってはいけない」「立入禁止」と書いた立て札が設置されたのみ。他に何の説明もありませんでした。これに対し、全林野労組は「このような公害をまき散らす作業には一切協力しない」との抗議声明を出しました（6月25日）。

それに対し、営林署は組合に指摘されて初めて現地の調査をしたり、散布前日の夜に泥縄式にチラシを配布したりするなど、組合との交渉で「事前に十分説明する、細心の注意を払う」との約束はまったくの口先だけだったことが暴露されています（6月25日）。

林野庁は「ベトナムで使用している薬剤は２４５Ｔが60％混入しているのに対し、日本で散布しているのはわずか４％」と数字上の安全性を強調。２４５Ｔの危険性を隠しつつ、新聞の５段全部で「薬剤は無害」との広告を出しています。また一部マスコミは、全林野批判を織り交ぜた社説を掲げました（7月2日）。

全林野労組は機関紙「全林野新聞」では勇ましいものの、当時かなり劣勢だったことが、次の元全林野労働組合幹部の証言からうかがい知れます。

> 当時、農薬使用に反対する全林野は孤立していました。林野庁だけでなく、マスコミからも批判されていました。学者は、およそ御用学者ばかりでした。「農薬を怖れるのは科学的でない。時代遅れである」などと批判されていました（成川順『枯葉剤がカワウソを殺した』週刊金曜日第24回ルポルタージュ大賞準佳作、２０１３年９月）。

## 天然記念物「北限のサル」へ

1970年6月下旬、天然記念物に指定されている「北限のサル」の生息地周辺（下北半島の最奥部一帯）にも枯葉剤が散布されました。当日の245T系除草剤の散布直後の様子を描写した次のような文章があります。

（1970年）6月29日早朝に林道終点まで車で行く。「6月27、28日の両日、除草剤空中散布のため入山禁止」という営林署の派手な立札が目に入るが、気にもとめず、私は奥戸川の沢沿いを歩いて上流へ向かう。ところがどうだ。伐採跡に杉が植えられて間もない、一面がブッシュになっている斜面は緑濃い初夏の山には場違いな赤茶色をし、沢沿いの下生えの多くも焼けただれたように変色し、サワグルミやトチの大木のだらりと垂れ下がった褐色の葉は、渡る沢風にガラガラと異様な音を立てているではないか。下生えのフキやササは緑を保っているが、色に冴えがなく、しかも葉の上には白い粉が粉雪のように積もっている。沢の流れの脇には、ミミズやトビケラの死体が目立つ。死に直面し、断末魔のあがきをしている、そんな予期しなかった自然を目の当たりにしながら、白い粉を全身に浴びてのサル探しは、まったく気乗りのしないものになってしまった（伊沢紘生『下北のサル』どうぶつ社、1984年）。

青森営林局によると、このとき空中散布された枯葉剤は15トン。地元住民から飲料水の汚染と自然破壊を理由に反対運動が起きていましたが、散布が強行されました。

地元の要請を受けて枯葉剤散布の影響調査をした日本モンキーセンターが記者会見を開催。この記者会見の様子を１９７０年9月12日の「朝日新聞」は次のように伝えています。

　日本モンキーセンターや京都大学によるその後の追跡調査では、風向きなどの影響で、薬剤は散布予定地域（針葉樹林、90ヘクタール）の約3倍、造林地に隣接したサルの棲む広葉樹林を含む約３００ヘクタールに及ぶ地域に広がって散布されたとしており、予定地域から5キロ離れた地点でも立ち枯れの見られる場所があるという。青森営林局では除草剤の散布を、造林地内の下草や低木を枯らし、造林木の成長を促進するためとしているが、同地域内に棲むサルにとっては生息環境を破壊され、食物を奪われるかもしれない公害が、いきなり空から降ってきたことになる。除草剤はベトナムの枯葉作戦でも使われた悪名高い２４５Ｔという有機塩素剤を主としたもの。米国の動物実験でも体内に蓄積が進むと胎児に奇形が生ずるという報告が出ている毒性の強いもの。だが、林野庁は、使用した薬剤は6年間にわたりすでに十分なテスト済みで、まったく危険はないという。それに散布地域は天然記念物のサルの生息域外だと主張している。

　林野庁事業課の話「散布した除草剤は人畜にはまったく無害のものだ。分解も早いし、蓄積もない。散布地域内の川で水質検査をした結果も問題ない。今後も造林地内では継続実施する」。

林野庁の主張は無茶苦茶です。２４５Ｔは分解しにくく、蓄積性があることは『沈黙の春』に何度も出てきます。サルの生息域外というのも林野庁はどうやって確認したのでしょうか。枯葉剤散布でサルのエサが枯れ、生息できなくなる（生息域が生息域外になる）可能性はありそうです。また、野生のサルの被害状況の調査はとても難しいとのことです。

ところで、サルに対して除草剤空中散布がどのような影響を与えたかについて調査をするんだといっても、相手は神出鬼没の野生のサルである。そう簡単にはいかない。（中略）除草剤ブラッシュキラー（※枯葉剤そのもの）の毒性（※催奇形性や致死性）が直接サルに及ぼす影響については、仮に死に追い込まれるサルがあったとしても、広い山野に死体を探し求めることなど不可能だし、たとえ手足の指などに奇形が生じることがあったとしても、接近を許さない相手からその確証をつかむのは至難のわざだ。それに毒性の影響はすぐには表れてこないことも十分に予想される。現時点でさしあたって心配なのは、散布された地域がどうやらS群の遊動域の中心部にあたっているらしい、その地域の下生えの多くは枯れ、木々も秋の結実を行なわないだろう、それはサルから多量の食物を奪うことになりはしないか、ということである（伊沢紘生『下北のサル』どうぶつ社、１９８４年）。

時をほぼ同じくして、青森県の南西、白神山地の麓、青森県深浦森林事務所管内では6月22日に「ブラシキラー」を40ヘクタールに散布していたとされています。その結果について、林野庁長官の松本守雄氏は「翌23日職員が現地調査したところ、イワナが死亡しているのは認められなかった。なお下流にあってこの川から直接取水している東俣沢養魚場のニジマスにもまったく影響がない、同養魚場の所有者も上流で魚が死んだ事実は知らない、このように言っているようです」と回答しています（１９７０年10月9日・衆議院社会労働委員会）。誰が現地調査するかで、報告内容は大きく異なるようです。

ところで、１９７０年7月2日の「全林野新聞」によると、深浦（青森県）での散布は断念したことになっています。枯葉剤を散布しなければ、被害がないのは当然です。

弘前大学教育学部教授の石川茂雄氏は「枯葉剤をまくと、下北半島が北限のたいへん貴重な植物が死んでしまう。さらに「北限のサル」のエサがなくなってしまう。枯葉作戦に使用した薬を散布するのだったら、なぜ前もって相談してくれなかったのだろう。われわれはちゃんとした意見を持っている」と語っています（１９７０年7月10日・衆議院産業公害対策特別委員会）。

石川氏の「ちゃんとした意見」とは、枯葉剤散布に反対という意味ではありませんでした。「下北半島での枯葉剤散布に問題はなかった」とする調査を自ら青森営林局に売り込んでいたのです。

青森と秋田にまたがる白神山地を中心に活動、下北のサルやカモシカの写真集もある写真家の江川正幸氏は、その調査に学生として参加した経験がありました。調査は２４５Ｔ剤散布の翌年だったため、植物が立ち枯れた光景があったわけではありません。枯葉剤がまかれた現場だと聞かされないまま調査に加わったにもかかわらず、「この沢の水を飲んでいいのか？」と思ったそうです。

彼は恣意的な調査方法の指示に違和感を覚え、調査の現場指揮をしていた助教授とたびたび衝突。

結局、調査の途中で喧嘩別れとなってしまいました。後日その調査報告を見た江川氏は、初めて自分の参加した調査の目的を知ることになりました。そこには、石川氏が「245T散布に問題がないことを知らせることが必要」との見解で、青森営林署局長と意気投合したことが調査の動機であると記されていたのです。しかし、事前調査が行なわれていなかったので、「245T散布に問題がなかった」と言うには、比較データが乏しく、説得力のある調査報告にはならなかったようです。「なぜ前もってわれわれに相談してくれなかったのだろう」は、林野庁を応援したかった石川氏の恨み節のようにも聞こえてきます。

江川氏が見たという調査報告書は森林総合研究所（茨城県つくば市）で保管されています。

日本モンキーセンターの調査報告書は、枯葉剤散布の翌年1971年2月に公表されました（朝日新聞・1971年2月9日）。前年6月の枯葉剤散布の影響について、①枯葉剤が散布された地域および影響を受けたとみられる周辺一帯は、サルの秋から冬にかけての主要食物であるヤマブドウなど「赤い実」がほとんど実っていない、②例年エサ場に利用していた奥戸川上流域にサルが現れていない、などが確認され、エサ不足による、越冬期の老齢のサルの斃死、春の出産への懸念が示されました。

全林野労組の現地調査でも散布予定地外の沢沿いのササが広く枯れているのが確認されています（全林野新聞・1971年6月17日）。しかし、林野庁は散布予定地以外に除草剤が拡散することは絶対ないと主張、日本モンキーセンターの調査結果を否定しています。

## 札幌市民にも枯葉作戦

さて、国内の枯葉作戦は人里離れた山奥で行なわれていたとは限りません。大都会でも行なわれたという例が、北海道の札幌版枯葉作戦です。２４５Ｔ剤が散布されたのは、札幌市内の藻岩山。青森版枯葉作戦と同じ時期の１９７０年６月中旬から７月中旬のことでした。

**参議院議員・丸谷金保氏（元池田町長）**　これは当時有名な事件ですが、札幌の藻岩山に札幌営林署がやはり２４５Ｔを散布したんです。ＮＨＫや北海道新聞もそのときの住民の反対運動を取り上げましたし、全林野労組の北海道評議会は住民の意識調査もいたしました。それからたいへん危険だということをＰＲしたんです。そうしたらそのとき当局側は、今あなたが言ったのをもう少し詳しく述べるような（※安全性を強調した）ビラをまいているんです（１９８４年６月20日・参議院環境特別委員会）。

丸谷氏は、札幌営林局が１９７１年1月に配布したという「豊かな緑の山を育てるために・藻岩山麓の皆様へ」と題するビラの内容を国会で読み上げていて、国会議事録に掲載されています。

・２４５Ｔが林地に散布されたあとのことにつきましては、土壌中の微生物の働きにより1、

2カ月で分解されて炭酸ガスや水となり、天然に、還元するものであります。

・6月中旬から7月中旬でしたので、高温多湿で微生物による分解の盛んな時期であったことから、当時井戸水に影響があったとは考えられませんし、ましてやその後何年間も薬剤成分が残っているようなことは考えられません。

・1970年度に空中散布を実施した場所にある沢の水の採水分析結果は、最大20日後まで、(245Tと塩酸ソーダの) いずれも検出されませんでした。

・なお、1969年度に意識的に河川に流入する状態で散布した結果によると、流水中の濃度は、散布直後で、245Tが0・002ppm程度の微量であることが確かめられています。

・また、短時間で検出されなくなるので地下水に影響を及ぼすことはありません。

・種々の動物を使っての食餌実験によると、245Tは主として尿によって急速に排出され、動物の組織内には蓄積されないので、水銀、カドミウム、砒素、鉛などと異なり体内に蓄積をすることは考えられません。

今では即座に否定されそうなコメントのオンパレードです。ところで、藻岩山といえば札幌市中心部からも近く、札幌市民の憩いの場です。そんな大都市近郊でも枯葉作戦が行なわれていたとは驚きです。しかも、枯葉作戦実施後、藻岩山周辺の住民から体調に異変を訴える声が続出しました。そこで、藻岩山南面の北ノ沢地区と藻岩下地区の住民を対象に、区長会が健康状態に関する追跡調査を実施。すると調査対象157世帯中、9割にあたる140戸の飲用に使われている井戸水が245T剤を含む可能性のあることが判明。その約半数の66戸から自覚症状を訴える回答が寄せられました。その結果を表に示します（本ページの地図参照）。

1971年8月10日、衆議院公害対策特別委員会では、札幌営林署が枯葉作戦擁護のため、反対運動や追跡調査などに対する妨害活動を行なったことが暴露されています。

**衆議院議員・島本虎三氏（北海道第1区選出）**　驚くことに、追跡調査をやっている最中に営林署がこれを妨害している事実がはっきり指摘されている。これは、去る2月6日から影響地帯と思われる地域を選定して調査活動を進めてきましたが、調査用紙を配付した直後、札幌営林署当局が分区長宅を訪問し、「昭和39（1964）年に、ごく小面積を対象に実験したもので、まったく危険はない」と事実を隠ぺいするとともに、調査用紙の一部を収奪するという妨害があり、1区分（約100戸）が未調査に終わりました。

そして、それを追及、抗議されると「一般

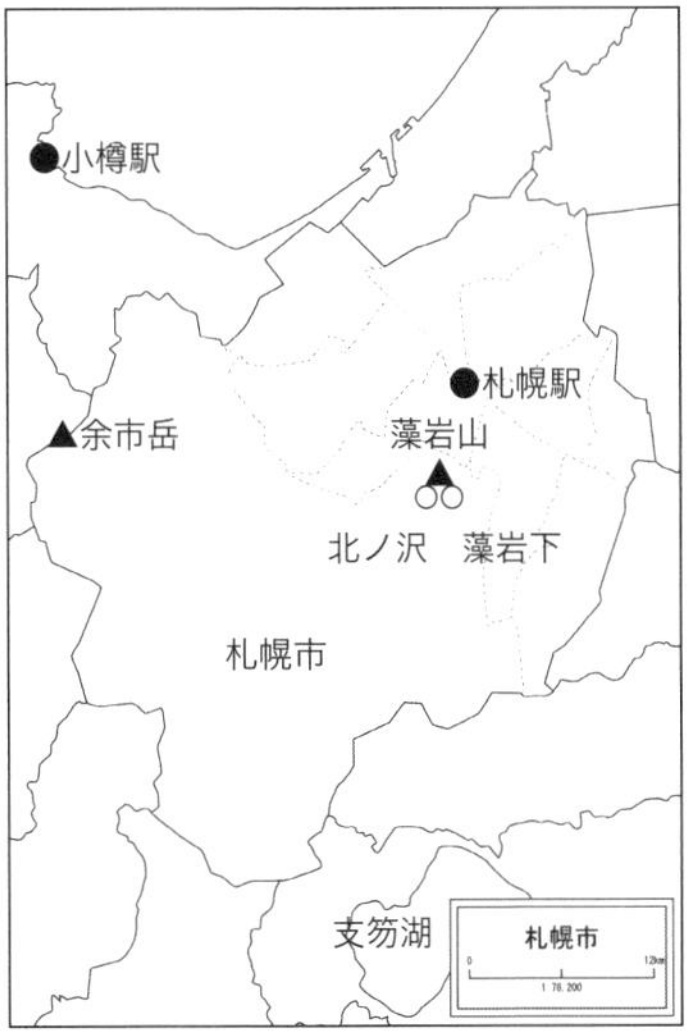

常識からいって、悪いこととは思わない」。こういうふうに答弁したと憤激しております。こういうような事実に対してどう思いますか。なぜベトナム戦争で使ったような枯葉剤を持ってきて、日本の山林にまかなければならないのですか。しかも、強行して。今の林野庁は環境破壊庁じゃないか。この事実についてどう思いますか。

**林野庁長官・松本守雄氏**　ただいま先生がご指摘の藻岩山につきましては、実はきょうその資料を持ってまいりませんでした。正確な記録ではございませんが、昭和39（1964）年頃に245Tを散布したという経緯がございました。その後はこの地帯は散布をしていないというふうに聞いております。

質疑のなかで、ビラの配布は林野庁業務部業務課長の小沢普照氏が事実と認めています。にもかかわらず、林野庁長官の松本氏は1970年夏の245T剤の散布を否定しました。

1970年8月には長野県の伊那地方、佐久平地方にも245T剤が散布されています。

再三にわたる野党の質問に対し、答弁に困った林野庁長官の松本守雄氏は、塩素酸ソーダは「食塩よりも毒性が小さい」、「245T剤は「劇物に指定されていないから危険はまったくない」と開き直り、動物への影響についても「魚毒性は極めて少ない。牛、羊、鶏には影響はないというデータが出ている。サルでは実験していない。鳥類での実験はあるが省略する」、営林局長が「これから調査」と答えた動物実験はすでに「良好な」結果が出ていることを強調。枯葉剤散布をやめる考えのないことを重ねて表明しました（1970年7月10日・衆議院農林水産委員会）。

## 隠ぺいされていたウズラの親鳥実験

しかし、そのあと農林省林業試験場が行なった「森林除草剤の鳥類の生殖機能に及ぼす影響」を確認する実験で、245Tの場合は卵の変化どころか、親鳥（ウズラ）が48羽中45羽も死ぬという結果が出て、試験場内部でも「245Tは絶対使うべきではない」との声が出ていました。実験結果は1971年2月の農林省の技術会議で報告されたものの、農林省は公表しませんでした。その情報をつかんだ日本野鳥の会が同試験場に問い合わせたところ、実験担当者が「外部に出すのは好ましくない、と上司に言われている」と回答を拒否したのです（朝日新聞・1970年3月26日夕刊）。

この問題はさっそく国会で取り上げられ、林野庁長官の松本氏は「外部へ発表する段階ではないと判断していた、隠していたわけではない」と釈明。ついにこの夏の使用を中止することを表明せざるを得ませんでした。

これに対して日本野鳥の会事務局では「永久に使用しないとは言っていないことが問題だ」との

藻岩山周辺住民のアンケート結果

| 自覚症状 | 件数 | 割合(%) |
|---|---|---|
| 皮膚炎 | 15 | 23 |
| めまい | 6 | 9 |
| 吐き気 | 4 | 6 |
| 下痢 | 6 | 9 |
| 体重の減少 | 3 | 4 |
| 脱力感 | 5 | 8 |
| 発熱 | 2 | 3 |
| 悪寒 | 2 | 3 |
| 胸が苦しい | 7 | 11 |
| 手指の感覚障害 | 10 | 15 |
| その他 | 6 | 9 |

コメントを出しています（朝日新聞・1970年3月27日）。

林野庁長官の松本氏は下北半島への245T散布を批判されて、「ウズラの親鳥実験が行なわれたのは11月でございます（だから、毒性は知らなかった）」と答弁しています。

これは明らかに前年7月の「鳥類での実験はあるが省略する」との答弁と矛盾しています。林野庁は国会で追及されてから後追い実験すると言い逃れつつ、散布を強行し続けたというのが日本版枯葉作戦のひとつの特徴です。

公明党の衆議院議員の古寺宏氏は、「245Tの中のダイオキシンは、サリドマイドの100倍の催奇形性があるというふうにいわれている。それを知りながら、しかもウズラの親鳥実験なんかは、薬を散布してしまった後でなくても、いくらでも林業試験場で実験できたんじゃないか。いろいろな今までの経過をみますと、この245Tを散布するために国民、あるいは住民を、はっきり言うならだまして散布してきた。こういうふうにしか受け取れないわけです」（1971年4月14日・衆議院産業公害対策特別委員会）と指摘。さらに、日本版枯葉作戦の目的が「とにかく散布すること」にあり、そのためには手段を選ばない異常な姿勢が林野庁にあったのではないかとも指摘しています。

なぜ林野庁はそんな行動に出たのでしょうか。日本版国有林枯葉作戦がベトナム戦争の枯葉作戦とリンクしていたとの前提に立てば、次のように説明することが可能です。

1970年4月に米国防総省は、245Tの使用中止を発表しました（朝日新聞・1970年4月5日）。それを機に米軍は日本に発注していた245Tをキャンセルしたのではないか。不良在庫を抱えることになった国内メーカー救済のため、日本政府が肩代わりした可能性があると考えられます。沖縄返還交渉のなかでも、日本政府はさまざまな肩代わりをさせられていますので、あり得る話です。林野庁はベトナムで散布されるはずだった大量の245Tを、日本全国に広く薄く散布することで処分したと推測されます。

林野庁による「日本版枯葉作戦」は、そのような在庫処分を迫られた事情のもと、強行されました。さらに、1970年末にハーバード大学の研究チームが、枯葉剤によるベトナムの環境破壊の実態調査報告を公表すると、ホワイトハウスはすぐに反応。「枯葉作戦を段階的に縮小して、1971年春には枯葉作戦そのものを中止する」と発表しました（朝日新聞・1970年12月28日）。これらの決定は、国民の間に広まってきた環境保護意識や厭戦気分の高まりに配慮した、ニクソン米大統領の選挙対策だと考えられています。

農林省（現・農林水産省）も、米国の「枯葉作戦中止」決定に追従するように、隠ぺいしていたウズラの親鳥実験の結果が漏洩しても、農林大臣の倉石忠雄氏が「(245Tの原料となる）BHCの国内使用全面禁止（製造禁止ではない）を通達」（1971年3月24日・参議院本会議）。

また、農林政務次官・渡辺美智雄氏の「1071年夏は245T剤をまかない（翌年はまくかも）」（１９７１年3月26日・衆議院農林委員会）という期間限定ながらも、「国有林枯葉作戦」全面禁止へと一歩踏み込んだ決定をしています。さらに、4月になって、米軍がベトナムでの枯葉作戦を本当に中止したことが確認されたのか、日本でも２４５Ｔの散布中止が唐突に発表されました。

渡辺氏の「１９７１年夏の２４５Ｔ使用中止」表明後も、塩素酸ソーダの散布はさらに規模を拡大、林野庁の除草剤散布意欲は少しも衰えていません。ところが、林野庁は１９７１年4月3日の団体交渉で、「２４５Ｔは使用中止する」と全林野労組に明らかにしました（全林野新聞・１９７１年4月15日）。つまり、１９７２年以降も２４５Ｔは使用しないと決めたというわけです。

その理由として林野庁は「催奇形性について疑問があり、わが国でも調査が続けられているが、結果が明らかでないこともあり使用中止とした」としました。しかし、実際にはウズラの親鳥がほぼ全滅したという結果を隠してまで散布を強行しようとしていました。

林野庁のＷＥＢサイト「埋設・管理している２４５Ｔ系除草剤」には、使用中止になった理由について、「ダイオキシン類が極微量に含まれていることがわかり、ダイオキシン類による催奇形性の恐れがあると指摘されたことから」と記されています。

要するに２４５Ｔ使用中止の理由は後付けなのです。理由はおそらく米軍が本当に枯葉剤作戦を中止したことがわかり、あわてて追従したのではないかと推測されます。

また、残った２４５Ｔ剤の処分について全林野組合が質したところ、「在庫量は調査中（前年11月からこの態度）、処分方法も検討中」との回答を繰り返すばかりでした。

「日本版国有林枯葉作戦」は列島に棲む多くの野生生物に多大な影響を残したはずですが、「北限のサル」以外、科学的調査がほとんど行なわれなかったために、実態は不明です。

四国ではニホンカワウソの生息を示す足跡、食べ残しのエサ、巣などの発見報告（いわゆるカワウソ情報）が絶えたのも２４５Ｔが大量に散布されていた１９７０年前後のことでした。

１９７１年の夏、高知県大野見村の島ノ川国有林で植林の大量枯死が発生し、２４５Ｔ剤が使われたのではないかと噂されましたが、営林署の調べで別の薬剤だったことが確認されています（高知新聞・１９８４年5月19日）。

こうして、日本の２４５Ｔ問題は一旦、姿を消すことになりました。しかし、２４５Ｔがなくなったわけではありません。ずさんな処分がされていたことが明らかになるのは１９８４年のことでした。

# 第4章　水田除草剤ＰＣＰの正体

## 東南アジア向けの最も悪質な薬品

次に紹介するのは、１９６０年代の代表的水田除草剤ＰＣＰ（ペンタクロロフェノール＝５塩素化フェノール）の隠された正体と、その販売拡大に尽力した農林省（現・農林水産省）の関与です。

ＰＣＰは２４５Ｔの製造時にできる副産物から作ることができます。そのＰＣＰを製造していたのが、三井化学（福岡県大牟田市）でした。そして、ＰＣＰを粒剤化して商品としていたのが子会社の福岡県荒木町（現・久留米市）にあった三光化学（１９６３年に三西化学工業と社名変更）です。三光化学は１９６１年の創業当初から農薬の漏洩が著しく、周辺住民からの苦情が絶えませんでした。１９７３年にはついに住民が同社（当時は三西化学工業）を提訴していますが、そのときの裁判記録に次のような注目すべき発言が残されています。

**清川正三子《きよかわまさこ》さん（旧・荒木町住民）**　昭和45（1970）年3月、ひかりパーマ屋の表にあった2本のエノキ杉や河内さん宅の松の木が枯れたそうです。そのことを話しに来られましたので「工場は何を製造しているのか？」と電話で尋ね、この数日間での木が枯れる様子などを話したところ、深町工場長代理は事務の大津さんを連れて説明がてらお詫びに来ました。（中略）工場長代理は「もうあなたにはウソは言えません。本当のことを言います。実は本社命令で、東南アジア向けに、最も悪質な薬品を再練りして作っています。あと1週間で終わります。次回からは幹部全員土下座しても断ります」と大変緊張した面持ちで話し、「実は私もいやでなりません。でも工員の給料等のため、やむを得ず承知しました。本当に済まないと思っています」と深々と頭を下げて詫びました。大津さんは「そんなこと言っていいんですか」と工場長代理の膝をそっと、突いていました。が、工場長代理は強い決意の面持ちで「自分が責任はとる」とはっきり言い切っておりました。

証言者の清川正三子さんが発言した「東南アジア向けの最も悪質な薬品」とは、「国内では一切使ってはならないような大変なもの」で、具体的には「初期のPCPを再練りした、最も悪質なPCP」と聞いたと。しかし、PCPは1960年代に国内で10万トンも消費された代表的な農薬のひとつです。それではなぜ「国内では一切使ってはならない」のでしょうか。東南アジア向けに作られた製品について、清川さんはそれ以上聞いておらず、当時まだ戦争中だったベトナム向けかどうかはわかりません。しかし、「国内では一切使ってはならないような大変なもの」を民生用に輸出するとも思えません。三西化学工業の工場は１９８３年に閉鎖されていますが、２００７年８月の九州新幹線の建設工事に伴う調査で、工場跡地の土壌から環境基準の95倍ものダイオキシン類が検出されています（朝日新聞・２００７年９月２日）。

「最も悪質なＰＣＰ」とは、ダイオキシン濃度が高いＰＣＰという意味ではなかったのでしょうか。というのは、農林水産省が２００２年に、過去に製造された除草剤ＰＣＰ中のダイオキシン濃度を発表しており、１９７０年に製造されたＰＣＰからも、１９５９年の発売当初のＰＣＰに匹敵する高い数値（その前後の年に製造されたＰＣＰより２桁も高い）を示しているのです（横浜国立大学教授・中西準子氏のＷＥＢサイト）。

清川さんは、その後、深町工場長代理を見かけることはなかったそうです。

それにしても、三光化学の工場の操業状況はひどいものでした。工場の近くにある鹿児島本線荒木駅の当時の駅長が残した記録（１９６２年８月20日から10月14日までの56日間の被爆状況が具体的に記録されている）は生々しく当時の状況を伝えています。例えば、８月12日、７時50分から８時30分までの40分間、駅員全員がくしゃみ、喉の痛み、流涙、頭痛を訴えています。そのほかに全員がくしゃみを訴えたのが16回（延べ７１５分）、鼻腔を刺激する悪臭は25回（延べ１７１０分）、悪臭のみが17回（延べ２４８５分）、工場に対する電話での抗議が16回、工場に赴いての抗議が５回となっています。

また、被害は当然、工場従業員にも及んでいます。1978年9月11日、福岡地裁第19回口頭弁論に次の「原告証言」があります。

昭和36（1961）年頃でしたか。（工場の）技師の方が朝出勤して（倒れ）、タクシーで（病院に）運ばれる途中で死んだとか、女工さんたちは、いつも皮膚炎でたまらないとか、袋詰めのところにおると喘息になって困るんだというようなふうで……。

昭和37（1962）年2月に4階建ての（新しい）工場ができた。三潴《みづま》保健所の松田技師が「工場があんなに聳えるような建て方をするなんて、あれは間違っている。住民がこんなに苦しんで訴えるのは当然ですよ。再三にわたって自分は忠告したが……。（三光化学は）本社命令で生産が間に合わない。それはわかっているんですけれども、本社命令で間に合わないと、ただ繰り返していた」。

聞こえてくるのは、物騒な話ばかりです。この工場で作られていたＰＣＰ粒剤が水田除草剤として全国で大量に消費されていたとは驚くべきことです。

## 農林省のサポート

次に農林省の役割を見ていきます。農林省の「功績」は、ＰＣＰを１９６０年代を代表する水田除草剤に育てたことです。

ＰＣＰが水田除草剤として優れた効果を発揮することは、１９５６年に宇都宮大学農学部教授の竹松哲夫氏（当時は助手）の「思いつき実験」でたまたま発見されたとのことです。そのときの経緯について、竹松氏は著書で次のように語っています（竹松哲夫『草取りをなくした男の物語——世界の田畑から』全国農村教育協会、２００２年）。

私は１９５６年の初夏、助手と数人の学生を使って、方々から集めた22種類の除草性合成物質を用いて、大学の圃場で田植え後水田面に土壌処理を施した。すると、イネも雑草も一面枯れてしまうなか、冬季果樹の殺菌剤ＰＣＰを使った試験区のイネだけが何事もなかったかのように風に揺れていた。（中略）さっそく水田土壌にＰＣＰの処理層ができているかどうかを調べた。上から1～2センチ目の土からは何も発芽しなかった。一方、3～4センチの土からはどの植物も芽を出した。水があるにもかかわらず、ＰＣＰは土の表層1～1・5にピタッとくっついたのだ。これこそ、世界で初めて、水田の中にできた「除草剤処理層」である。

翌１９５７年には、ＰＣＰを用いた大規模な実験を行ない、ＰＣＰの除草性能を確認。農林省の会議で発表すると、大きな反響があったそうです。竹松氏はこのときのことを「これで人類の半数を養う世界中の水田の、草取りという労働はなくなることになる。この成功は私の生涯において最

水田における確実な処理層の形成

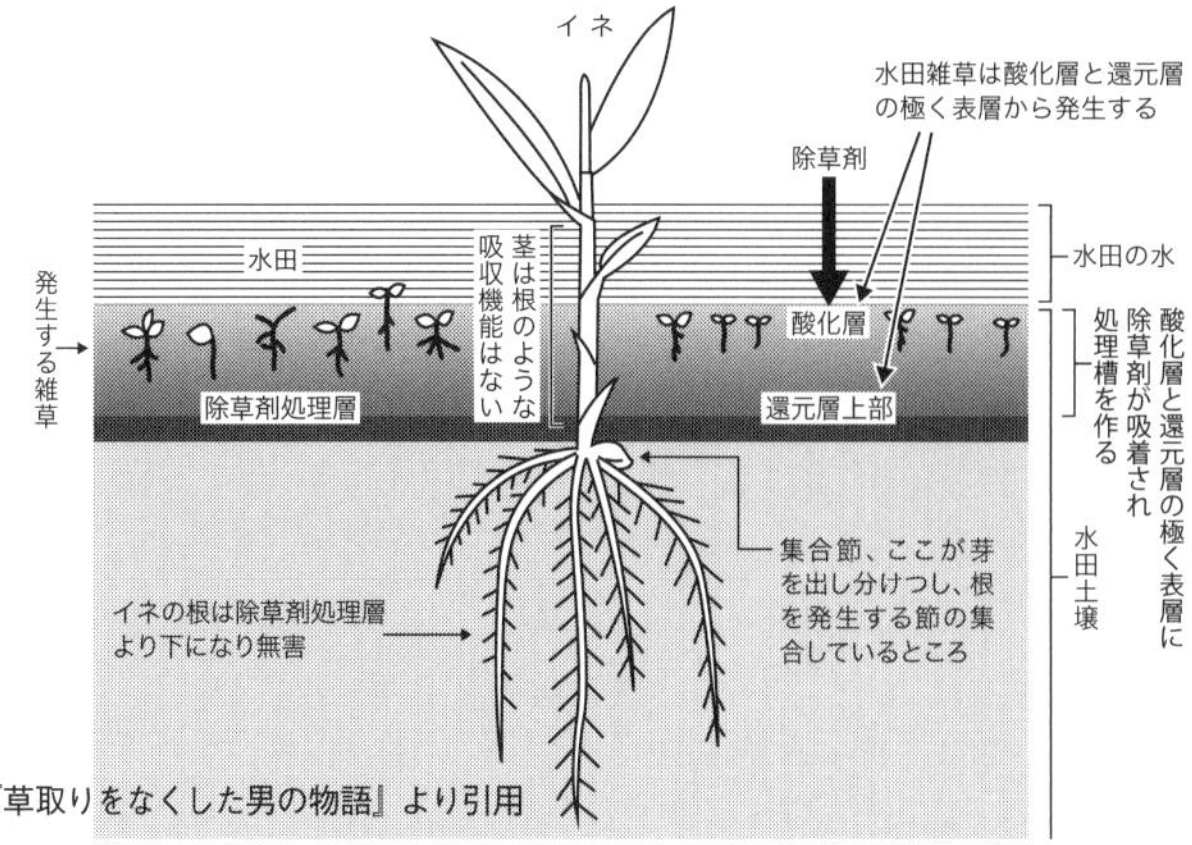

竹松哲夫『草取りをなくした男の物語』より引用

大の感激だった」と述懐しています。

ＰＣＰの最大の特徴は、イネの苗も雑草もすべて根こそぎ枯れてしまうという強烈な毒性です。それがなぜ「水田除草剤」になるのでしょうか？　ＰＣＰは水に溶けにくいことと、田植えという日本の耕作方法とが関係しています。水に溶けにくいＰＣＰは、田んぼに散布しても拡散せずに水田表面に薄いＰＣＰの層（竹松氏が言う「除草剤処理層」）を形成します。そして、田植えによって植えられたイネの苗だけは、「除草剤処理層」の下に根を張ることになり、日本限定の水田除草剤として使えるというわけです。

しかし、その強烈な毒性は雑草に対してだけではありませんでした。１９６２年７月の集中豪雨で水田から大量のＰＣＰが流出、琵琶湖や九州の有明海で大規模な魚毒事件（魚の大量死）が起きたのです。わずか１日、２日の間に何万匹もの魚が死に、地域によっては貝が全滅という惨状で、被害は両地域の他、山形、群馬、埼玉、京都、愛知、岡山など計14府県、被害総額は20億円以上に達しました。

ところが、農林省は事前にＰＣＰに強烈な魚毒性があることを知っていました。実験の結果、ＰＣＰは水田の土壌の中の金属と化合して固定化したり、太陽光線で分解されて毒性が弱まったり、10日ほど過ぎれば排水しても害はないことを、除草効果が確認された時点で把握していました。

しかし、そもそも田植え時期に10日間も雨が降らない確率は非常に低いと言わざるを得ません。それでも農林省は、「(1) ＰＣＰ散布後10日間は排水しない、(2) 水があふれる危険のある田、近くに養魚施設がある所は避ける」などの条件付きで実用に踏み切ったわけです。しかし、販売初年度（１９６０年）から琵琶湖で被害が発生、被害額は翌１９６１年に有明海沿岸で4億円、１９６２年にも有明海で18億円、琵琶湖で4億円と年々被害が増大。しかし、農林省は「大雨による海の淡水化が原因」だという根拠に乏しい理由（もともと淡水である琵琶湖の場合は説明できない）を挙げて、ＰＣＰの使用禁止措置をとりませんでした。

さらに農林省は「ＰＣＰによる魚毒被害は使用上の誤りによる例外的なもの」との立場をとり続けていました。一方、頻発する「例外的事故」に対し、被害の大きい県や漁業団体は「天災融資法」の適用や巨額の補償を求めました。農林省の不可解で強引な方針は、ＰＣＰの使用継続を優先する特別な理由があったことをうかがわせます。

竹松氏自身はＰＣＰの水産被害についてどう思っていたのでしょうか？

竹松氏は「PCPが川に流れ込めば魚毒の危険性があることを繰り返し報告して訴えた」と言っていますが、同時に「PCPは正しく使えば魚毒は防げる」とも言っていました。彼は「田植え後に、（田の）表面にまくやり方をやめ、田植え前に元肥とともに土と混ぜるやり方に限定すれば、雨が降っても薬（PCP）が流れ出る心配がないので、十分に通用すると思う。こんなことになったのも農林省のやり方に原因があるのではないか。（中略）PCPで死んだ魚の解剖学的特徴ぐらいはしっかりつかんでおくべきだし、不意の洪水で下流の魚や貝が受ける影響を調べる本格的な実験は必要と思うが、実際はほとんどされてこなかった（朝日新聞・1962年8月11日）」と農林省の対応を批判しています。

しかし、竹松氏は何を言っているのでしょうか。そんなことをすれば、「除草剤処理層」はできず、PCPの強烈な毒性でイネも枯れてしまいます。竹松氏は、その場しのぎの、できない対策を意味のあるように強弁して、水産被害の責任を農林省に押し付けて逃げているのです。そもそも、PCPによる水産被害への対策を用意していなかったにもかかわらず、PCPを大量に環境中に放出するなどということはあってはならなかったのです。

魚毒性への有効な対策のないまま、PCPは1959年に販売開始。しかも、特許使用料をとらないという破格の扱いをしたことも手伝って、一気に全国に普及しました。

当時行なわれていた唯一の魚毒防止策は「施用後10日間水田からの排水を禁止する」という、実情にまったくそぐわないものでした。漏水や不注意の排水以外にも、排水溝の不備や降雨、特に突然の集中豪雨でＰＣＰを含む除草剤処理層の表土が流出することがしばしば起きました。ところが、当時の「川魚が死ぬくらいたいしたことじゃない」という環境意識の低さもあり、ＰＣＰはあっという間に日本中で大量消費されることになりました。「日本は世界一のＰＣＰ消費国」になったのです。ところが、漁業被害のニュースが新聞、テレビ、ラジオで大きく取り上げられ始めると、竹松氏は「ＰＣＰ除草剤生みの親とされ、ひとりマスコミへの対応に追われた、他の研究機関はだんまりだった」と不満を漏らしています。一方「当時、全国的に食糧増産を何よりも優先させたことがＰＣＰの爆発的な使用を促し、同時に魚毒害を起こす可能性も含まれていた」と他人事のような論評もしています（竹松哲夫『草取りをなくした男の物語―世界の田畑から』全国農村教育協会・２００２年）。

その実態はＰＣＰを大量に使って除草効果を上げることが何より優先され、三西化学工業の工場で起きた事故や従業員への被害、全国的な水産被害にも目をつぶったということでしょう。

「世界一のＰＣＰ消費国」の実態は、食糧増産、農作業の負担軽減との名目のもと、ベトナムで大量に使われた枯葉剤の生産時の副産物（産業廃棄物）であるＰＣＰの処分を日本が一手に引き受けることで、竹松氏はその先導役を担っていたということのようです。そんな竹松氏を米国は大いに重用しました。複数の米国の農薬メーカーからその後も破格の扱いを受けています。

竹松氏は自著『草取りをなくした男の物語―世界の田畑から』で、米国から受けた自身への最上級のもてなしを得意満面に自慢していますが、それは米国の策略だとも考えられます。竹松氏の研究（産業廃棄物ＰＣＰの画期的な活用法の発見）は米国の国益（枯葉作戦の遂行）にかなっていたというわけです。

## ＰＣＰではなかった「除草剤ＰＣＰ」

ＰＣＰはその強烈な毒性のため、殺菌剤のような少量の用途にしか使われていませんでした。それを、農林省は、梅雨時の水田で10日間排水しないという実現不可能な対策を掲げてまで、「ＰＣＰの大量消費」を強行しました。

その副作用である巨額の漁業被害については、農林省もさすがにＰＣＰと無関係と強弁することは不可能だったとみえて、「大雨で海水が淡水化し、貝などが弱っていたときに流れ込んだＰＣＰがさらに作用して被害を出した」（朝日新聞・１９６２年８月11日）という苦しい言い訳をしています。

多大な漁業被害を出しても、農林省の全面的支援を受けてＰＣＰの需要は急拡大しました。農薬全体の生産も１９５２年からの10年間に、金額にして91億円から３３８億円に急増しましたが、特に除草剤は農薬のうちでいちばん伸び率が高く、全農薬に対する除草剤の割合は４・７％から20％に、金額にして４億円から67億円に増加という成長ぶりを示しています。さらに、除草剤のなかでもＰＣＰは１９６１年度の除草剤の登録件数78件中82％にあたる64件を占め、ＰＣＰの国内生産量は１９５９年１４８トン、１９６０年１４４１トン、１９６１年８７６３トン、１９６２年には２万５０００トン（１９６３年３月29日・参議院農林水産委員会）。散布面積は全国の水田面積の３分の１にあたる１００万ヘクタールに達し、超ヒット商品となりました。

このように超ベストセラーとなったＰＣＰですが、農業指導者でもあった二院クラブの参議院議員・藤野繁雄氏は、ＰＣＰの意外な問題点を指摘しています。それは、「除草剤ＰＣＰの成分が本来のＰＣＰ（ペンタクロロフェノール）ではない」というものです（１９６３年３月29日・参議院農林水産委員会）。

**藤野繁雄氏**　農薬の抜き取り検査状況を調べてみますと、昭和36（１９６１）年度の検査件数がＰＣＰ除草剤は５件であって、全部不合格になっている。全部不合格とはどういうことか。（中略）全部不合格ということに対して、政府はいかなる対策をとったのか。

「農薬も種類が増えて……」と逃げる農林省農政局長の齋藤誠氏に、藤野氏は「いろんな種類じゃない、ＰＣＰだけに限っている」と一喝して、答弁を迫りました。対して齋藤氏は、「不合格になった主な要因は、おおむね経時変化。時間が経つにつれて成分が変わってくるということで、有効成分が表示当時の成分と異なってしまうということが主要な原因」と回答。「除草剤ＰＣＰ」は容易に経時変化してしまうとの認識を示しました。

抜き取り検査ですべて不合格になるほど「容易に経時変化してしまう」とはどういうことでしょうか？　保管中に成分が変化してしまうようでは効能も失われる可能性がありますし、そもそもペンタクロロフェノールは通常、保管中に変化してしまうような不安定な物質ではありません。実は、この半年前にも齋藤氏は「除草剤ＰＣＰ」の正体を知る上で重要なヒントとなる答弁をしています。「漁業被害はＰＣＰが原因であると農林省は認めたのか？」との民社党の衆議院議員・稲富稜人氏の質問に対する答弁のなかで、齋藤氏（当時は農林省振興局長）は、「現実にＰＣＰが海水面でどのような状態で存在していたかというと、調査の結果、ＰＣＰだとは必ずしも言えませんが、いわゆるＰＣＰも含まれるフェノール系の薬剤は有明海から検出されております」と答弁。

これはどういう意味でしょうか。少なくとも、ＰＣＰそのものではなさそうです。

## 厚生省調査団が見つけたＰＣＰの正体

実は、三井東圧化学の除草剤「ＰＣＰ」が製造段階から「ペンタクロロフェノール」ではなかったことが、同社の子会社が訴えられた農薬裁判記録に残っています（『三西化学農薬被害事件裁判資料集』葦書房、２０００年）。１９６０年代前半に三井東圧化学のＰＣＰを造粒して製剤化していたのは、子会社である三光化学（のちに三西化学工業、当時は福岡県荒木町）でした。

裁判記録によると、三光化学は、三井化学と地元資本家の提携により、福岡県久留米市郊外の国鉄（現・ＪＲ）荒木駅に隣接するレンガ工場跡地に工場を建設し、１９６１年に創業。三井化学が経営および技術指導を全面的に担当し、除草剤ＰＣＰを25％含む粒剤専門工場として出発しました。しかし、事業内容はＰＣＰをただ粒剤にするだけとして、「毒物及び劇物取締法」に基づく登録もしないという、とんでもない工場でした。

１９６１年1月から10月にかけてパイロット運転を実施しましたが、工場廃水が流れ込んだ川では魚が全滅。操業開始から一カ月も経たないうちに、ひどい悪臭で体調不良を訴える住民が続出。たちまち住民の工場移転要求の署名運動が起こるほどでした。

住民の苦情を無視して操業を続ける三光化学に対して、住民たちは地元選出の国会議員を通じて厚生省に働きかけ、厚生省調査団が１９６２年10月にやってきました。このとき調査団長として工場に立ち入った東京医科歯科大学教授の上田喜一氏は、そのときの印象を報告書のなかで次のように語っています。

---

本工場中、最も臭気の強いのは2階の圧延ローラー室で、毒ガスマスクを着用しなくては滞在できない。入室の瞬間に結膜に著しい刺激感があるのはＰＣＰが粉塵としてではなく、蒸気として（およびテトラクロロフェノール蒸気も）室内に充満しているとの印象を受けた。これは化学定量からも裏書きされた。

このとき調査団が行なった化学定量（分析）が裁判資料として残されており、この工場で製造されていた「ＰＣＰなるもの」が本来のＰＣＰではないことが証明されているのです。厚生省調査団が工場の排気設備の付着物を分析したところ、付着物は本来主成分であるべきＰＣＰ＝ペンタクロロフェノール（五塩素化フェノール）が少なく、テトラクロロフェノール（四塩素化フェノール）を主とするさまざまな塩素化フェノールの混合物であることが判明したのです。奇異に感じた上田氏は実際に販売されている三井化学ブランドのＰＣＰを分析したところ、そのＰＣＰすらもテトラクロロフェノールが排気設備の付着物と同じ６割もあり、とてもＰＣＰ（ペンタクロロフェノール）と呼べる代物ではないことがわかったのです。

上田氏はさらに他社（保土谷化学工業）のＰＣＰを取り寄せて分析、他社製品はペンタクロロフェノールであることを確かめています。なぜこのような違いが生じたのかについて上田氏は言及していませんが、分析結果から推測すると、49ページの図のように、三光化学のＰＣＰは枯葉剤（２４Ｄ、または２４５Ｔ）の副産物（本来は六塩素化物ですが、本件では五塩素化物が混入している）を加工し、それをＰＣＰ（図では「ＰＣＰ（もどき）」）と称して処分しようとした結果であると考えられます。

三井化学と保土谷化学工業の技術の差ではありません。

## 社史が語る枯葉剤製造の歴史

『三井東圧化学社史』（三井東圧化学株式会社社史編纂委員会、１９９４年）にＰＣＰ開発の経緯が掲載されています。

ＰＣＰは昭和25（１９５０）年からＢＨＣの副産物であるトリクロロベンゼンを原料に生産を開始したが、27年にはフェノールを原料とする自社技術を開発、月産10トン設備を建設して生産を開始し、30年には20トンに増強した。これはＰＣＰの需要が木材防腐剤向けに加えて、除草剤用として増加してきたことに対処するためであった（※この部分を【Ａ】とする）。

ところが、この部分の記載には疑問があります。というのは、まず、歴史上の食い違いがあります。ＰＣＰを増産した時期が合わないのです。『三井東圧化学社史』が「除草剤用に」ＰＣＰを増産したという昭和30（１９５５）年にはまだＰＣＰの除草効果は確認されていません。ＰＣＰに除草効果があることが発見されたのは、昭和31年に宇都宮大学農学部で行なわれた「思いつき実験」のときであり、その後昭和34年の農林省全国試験を経て実用化されたのですから、昭和30年に除草剤用の需要が増加するはずがないのです。また、ＰＣＰの原料はヘキサクロロベンゼン（六塩素化物）で、トリクロロベンゼン（三塩素化物）ではありません。

つまり、この部分の主語はＰＣＰではなく、別の製品に関する記述を転用している疑いが生じます。三井化学のＰＣＰが本来のＰＣＰ（ペンタクロロフェノール）ではなく、枯葉剤製造時の副産物を集めた産業廃棄物の有効活用だと考える方が腑に落ちます。『三井東圧化学社史』がＰＣＰの開発の経緯について「信実」を書けないのは、ある意味当然といえます。

では、「別の製品」とは何か。この文章の後に続く「２４Ｄ」のことではないかと考えられます。その最大の根拠は、２４Ｄがフェノールのほか、トリクロロベンゼンからも作ることができるからです。さらには昭和25年に製造が開始され、原料もフェノールと共通しています。

三井化学は、枯葉剤（オレンジ剤）の一成分である２４５Ｔの原料を製造していたことをひた隠しにしていますが、意外なことに、オレンジ剤のもう一方の成分である２４Ｄは朝鮮戦争の頃から製造していたことを『三井東圧化学社史』で堂々と紹介していました。

---

２４Ｄは昭和25（１９５０）年7月20日付農薬登録８８８号「三井化学２４Ｄ」として本格生産を開始したが、26年5月ＩＣＩ（英国・帝国化学工業）およびアメリカン・ケミカル・ペイント（ＡＣＰ）両社の特許問題から一時（生産）中止

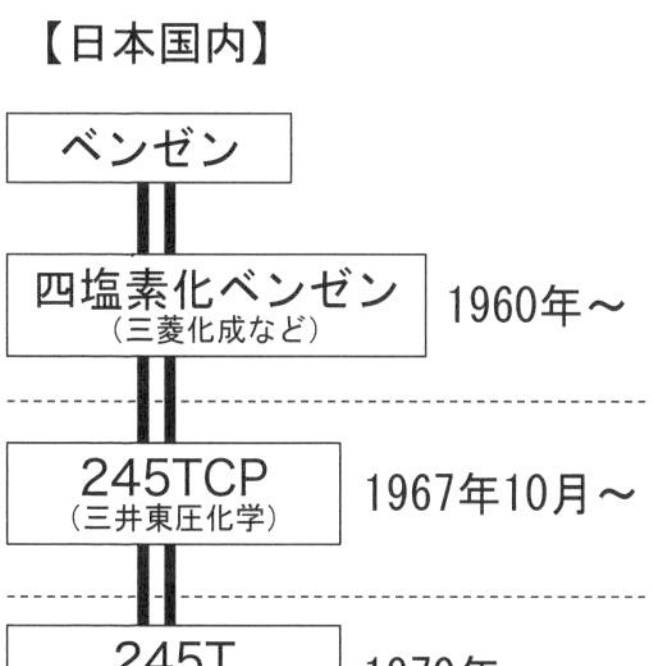


枯葉剤245T製造に関する
日本の分担度の変遷

のやむなきに至った。その後２４Ｄの需要は水田用除草剤として急増してきたため、主原料のフェノール、モノクロロ酢酸、塩素などを自給できる三井化学は、再度本格企業化の準備を開始し、28年12月、ＩＣＩと特許実施権契約を締結して、29年1月13日技術導入の認可を申請した（※この部分を【Ｂ】とする）。

ここで注目されるのは「特許問題で一時（生産）を中止」という記述。占領下の日本で、特許侵害の状態で２４Ｄの生産が始まったのです。この特許問題が表面化したのは昭和26年5月。1カ月前の4月にはマッカーサーGHQ最高司令官が解任されていますので、この問題にもマッカーサーが関わっていた可能性があったのかもしれません。

【Ａ】と【Ｂ】とはもともとひとつの文章だったものを何かの理由で分割したのではないかと仮定して、両者を合成し、時系列に沿って並べ替えてみます（※【Ａ】から挿入した部分を《　》で表す）。

２４Ｄは昭和25年7月20日付農薬登録８８８号「三井化学２４Ｄ」として、《トリクロロベンゼンを原料に月産10トン設備を建設して》本格生産を開始したが、26年5月ＩＣＩ及びＡＣＰ両社の特許問題から一時（生産）中止のやむなきに至った。その後《27年にはフェノールを原料とする自社技術を開発したが》、２４Ｄの需要は水田用除草剤として急増してきたため、主原料のフェノール》モノクロロ酢酸、塩素などを自給できる三井化学は、再度本格企業化の準備を開始し、28年12月、ＩＣＩと特許実施権契約を締結して、29年1月13日技術導入の認可を申請。《昭和30年には20トンに増強した》。

ひとつの文章にすることで見えてくるものがあります。【A】だけでは、昭和25（１９５０）年から生産を開始したのに、早くも《27年にはフェノールを原料とする自社技術を開発した》理由がわかりませんが、合成文にしてみると、26年の特許問題が原因だったことがわかります。また、２４Ｄは昭和25～26年頃にはほとんど知られていませんでしたが、昭和31年には農薬総支出４００８円（1戸あたり）のうち１２９円を占めるようになっており（１９５９年4月30日・衆議院農林水産委員会）、昭和30年代に入って除草剤としての需要増との記述とも一致します。

以上のことから、三井化学のＰＣＰの歴史には、表に出せない事情があるのは間違いなさそうです。

第5章　国産殺虫剤BHCの正体

## 国産BHCは効果少なく害多し

枯葉剤245T製造時の副産物とみられる製品紹介の最後は殺虫剤のBHCです。BHCはベンゼンヘキサクロリドの頭文字をとった略称で、ベンゼンと塩素から合成される有機塩素系の殺虫剤です。アルファ、ベータなど7種の異性体（構成元素は同じだが、構造が異なるもの）があります。そのうちシラミ駆除剤などの殺虫効果があるものはガンマBHCだけで、その純度が99％以上のものを特に「リンデン」と呼んでいます。ガンマBHCは分解しやすい性質を持ち、蓄積性も低いので、一般にBHCといえば、ガンマBHCをもとに殺虫剤や農薬として広く使われているものと考えられていました。ところが、日本で大量に使われていたBHCの主成分はガンマBHCではなく、殺虫効果が少ない上に、分解されにくく人体への蓄積性が高いという問題だらけのベータBHCでした。殺虫効果が少ないために大量散布が必要になり、それが残留量も増える一因になっていますす。なぜ、そんなことになっていたのでしょうか？　当時はどのように説明されていたのでしょうか？

これは、ＢＨＣが粉剤あたり２００～３００円と同じ用途の農薬のなかでいちばん安いこと、取り扱いが簡単で効き目が高いことなどによる。ことに安価な点が散布のし過ぎを引き起こしており、これに伴う残留毒性や害虫の抵抗性を強めるなどの弊害が指摘されていた。これに対して農林省は必ずしも十分な規制をしておらず、日本ＢＨＣ工業会もその都度注意を呼びかけたというが、実効性は十分でなく、むしろＢＨＣの使用量は増加の一方だった。（中略）同工業会は原体（ＢＨＣ）の製造中止を発表しながら、公表した生産量は純度の高いリンデンに換算した数字を使った。これだと原体の生産量の10分の1程度の数字となり、非常に少ないという印象を与える。このため、一部の専門家から「あんなに少なくはない」との非難の声さえ聞かれた（朝日新聞・１９６９年12月16日）。

つまり、国産のＢＨＣは有効成分であるガンマ体の純度わずかに10％程度の不純物だらけだったために、安価だったわけで、過剰散布で害虫の抵抗性が強まるということもあるけれども、もともと必要量に対して10倍量の散布をしないと効果が十分でないという問題のある農薬だったというわけです。なお、欧米諸国で使用される殺虫剤は主にＤＤＴで、ＢＨＣはそれほど使われていませんでした。欧米でＢＨＣがＤＤＴほど騒がれないのは、使用量が少ないことと、流通しているものがガンマＢＨＣを主成分とする「リンデン」だからです。ガンマＢＨＣは、殺虫効果は高いものの、陽に当たるとたちどころに分解し、毒性がなくなってしまいます。そのため、食物に含まれていても、よく加熱して食べればほぼ無害とのことです。

一方、日本のＢＨＣの主成分であるアルファＢＨＣやベータＢＨＣは殺虫剤としては役に立たない上に、分解しにくく、蓄積性が高いという問題があります。熱や光にも強く、体内に取り込まれると、皮下脂肪に蓄積されます。蓄積が進むと肝機能障害などを引き起こす慢性毒性の危険性が高まるという厄介者なのです。

ＤＤＴの世界中の年間使用量が約４万５０００トンで、日本一国で消費されるＢＨＣとほぼ同等というのですから、日本でのＢＨＣ使用量がいかに莫大なものかがわかります。動物実験の結果、排泄に要する時間はガンマＢＨＣに比べ５倍も長いことがわかりました。この滞留時間を考慮すると、ベータＢＨＣが残留農薬の中心だった日本の牛乳は、単に濃度がＷＨＯの規制値（ガンマＢＨＣを基準）の１００倍というだけでも問題ですが、排泄されにくさを加味すればＷＨＯの規制値の５００倍と評価するのが妥当なのかもしれません。

米国やヨーロッパでは同じ有機塩素系殺虫剤でも、もっぱらＤＤＴが問題になっていましたが、日本ではこのＤＤＴは水稲害虫にはあまり効き目がないという事情から、使用量も多くなかったとのことです。しかし、それにしても国産ＢＨＣの純度の低さは人体への有害成分が多かったこととあわせて、廃棄物処理が目的だったとでも考えない限り理解できないほど異常です。

その弊害のひとつとして、1966年暮れに残留BHCによる「くさい米事件」が発生しています。大量散布が原因とみられます。

## くさい新米　農薬まき過ぎが原因？　許容量越すBHC検出

「今年の新米はくさい」という苦情が各地で出ている。農林省などの調べで「殺虫剤BHCのまき過ぎらしい」とわかって、関係者をあわてさせている。（中略）食糧庁の調べだと、苦情はまず大阪市内から起こった。10月に高知県産の新米が出回ったところ、「ごはんを炊くとプーンと臭う」との訴えが十数カ所から来た。（中略）大阪食糧事務所は高知県産早場米の売り渡しを一時見合わせ、約950トンは倉庫に眠ったままだ。富山から大阪に送られた約70トンの新米からもくさい米が続出。11月中頃には、名古屋市に送った長野県伊那地方の新米が返品されるという騒ぎがあった。

農林省農薬技術研究所が原因を調べたところ、くさい新米の中にBHCが普通の米の25〜50倍も残っていた。検出したBHCは2ppm。このうち特に人体に有害とされるガンマBHCは0・4ppm。国連で定めている国際許容量は0・67ppmなので、この限度は超えていない。しかし、長野県の日本農村医学研究所（所長・佐久総合病院長の若月俊一氏）が長野県と共同で行なった調査では国際許容量の14倍以上にあたる10ppmのガンマBHCが同県のくさい新米から見つかった。

今年は25年ぶりにウンカが大発生し、イネの収穫直前までBHCを大量にまいたため、根や葉、モミから吸収され、米粒の中に残ったとみられる。
ＢＨＣは急性中毒を起こすことがほとんどないので、最も安全な農薬とされているが、いったん体内に入ると、有機水銀と同じように蓄積され、体の脂肪分と密着して、痙攣《けいれん》やてんかんの症状に似た慢性中毒症状を起こす恐れがあるとされている（朝日新聞・１９６６年12月23日）。

それから3年、厚生省（現・厚生労働省）は突然、ＢＨＣの新規の製造許可を一時中止すると発表しました。工場の新設を認めないといっても、すでに国内市場は「過剰散布」問題を起こして飽和状態なのですから特段の影響があるとは思えません。それも「一時中止」という撤回の可能性がある条件付きです。背景に何があったのでしょうか。厚生省は「製造許可一時中止」との判断について、ＢＨＣの大量使用で人体への影響が心配されるためだとしています。さらに、翌週には厚生省が全国レベルで有機塩素系農薬の汚染度調査に乗り出すことを発表しました。

厚生省は農薬による環境汚染との対決姿勢を示しているようにも見えますが、これには裏があります。実は日本の特殊事情（殺虫効果がなく、人体毒性が高い成分が9割も占めている）によるＢＨＣを原因とする環境汚染が格段に進んでいることを、高知県衛生研究所が7月の食品衛生学会（仙台）で初めて指摘。それを隠ぺいすることが難しくなっての措置だったことを、同研究所の主任研究員・上田雅彦氏がのちに暴露します。

衆議院議員の楢崎弥之助氏の「枯葉剤国産化疑惑」追及はそのわずか2週間後でした。

そしてついに、１９６９年12月10日、日本ＢＨＣ工業会は「国内向けのＢＨＣ製造を中止（自粛）する」ことを決定しました。

同工業会の説明では、「ＢＨＣの製造量は年間約４０００トンで、そのうち2割が輸出向けで、輸出分の製造は続ける。国内向けも手持ちの在庫（２００トン）で需要をまかなう」とのことです。同工業会が発表した数字はガンマＢＨＣ換算であって、実態の数値はほぼ10倍あるとみられます。意図的に少なくみえるように印象操作を行なったのでしょう。

同工業会は自粛の理由として、①農薬の環境汚染に対する事前対策、②国内需要見込み、③欧米でも禁止の方向、の3点を挙げました。しかし、本当の自粛理由は、なんといっても、高知県衛生研究所に「不純物だらけのＢＨＣ」を見破られたことでしょう。それに加えて、ベトナム戦争での枯葉作戦が終わりに向けて大きく動き出していたことも、見逃せない要素だったと考えられます。日本でのＢＨＣ製造自粛の動きと米国の枯葉剤（２４５Ｔ）の使用中止の判断とが絶妙のタイミングでリンクしています。

◉１９６９年

7月10日　ＢＨＣ製造許可一時中止
高知県衛生研究所、食品衛生学会で食品のＢＨＣ汚染を発表

7月23日　楢崎弥之助氏、国会で「枯葉剤国産化疑惑」を追及

10月　高知県衛生研究所「人体からＢＨＣ」と発表

12月10日　ＢＨＣ国内製造自粛

国連総会で「枯葉剤は化学兵器」決議を可決

12月16日　厚生省「牛乳からＢＨＣ検出」と発表

◉１９７０年

4月　米国防総省「２４５Ｔの使用中止」を発表

12月　ホワイトハウス「枯葉作戦を段階的に廃止」を発表

◉１９７１年

4月　ベトナム戦争での「枯葉作戦」を中止

12月30日　ＢＨＣ登録失効

**残留農薬問題**

楢崎弥之助氏の「枯葉剤国産化疑惑」に関する国会質問は、高知県衛生研究所が食品衛生学会で深刻なＢＨＣ汚染の現状を発表した直後というタイミングですから、枯葉剤の原料（２４５ＴＣＰの原料）を製造していたとみられる日本ＢＨＣ工業会にも激震が走ったのではないかと思われます。

１９６９年の暮れに、ＢＨＣの製造許可一時中止から、国内製造自粛へと大きな政策転換が発表されました。その背景にはベータＢＨＣが検出されるようになって食品のＢＨＣ汚染の実態が明らかにされたという国内事情と、枯葉剤が事実上使えなくなる可能性を持つ国連決議が可決されたという国際情勢の両面があったことが推測されます。ここでは、国内事情をみていきます。

1969年12月、厚生省独自の調査でも、高知県衛生研究所の指摘を追認せざるを得ない結果がでています。今度は牛乳から高濃度のBHCが検出されました。

**残留農薬・主成分はベータBHC**

**牛乳に残留農薬の心配　BHC許容量（WHO）の100倍　厚生省、全国調査へ**

厚生省はBHC、DDTなど有機塩素系農薬が肉、魚、牛乳などの動物性食品にどの程度蓄積されているかについて地方衛生研究所や国立衛生試験所を通じて初の抽出調査を行なったところ、特に西日本で牛乳のBHCによる汚染が予想以上にひどく、一部地域では世界保健機関（WHO）が定めた許容量の100倍ものBHCが検出された。

**「不安がることはない」**

【厚生省環境衛生局長・金光克己氏の話】基準の100倍近い汚染量といっても、WHOの基準そのものが非常に厳しいものだし、基準制定の経過についてもまだはっきりしない。また、農薬による影響が急性毒性ではなく、ごく緩慢な慢性毒性であることからも、いたずらに不安がることはないと思う（朝日新聞・1969年12月16日）。

これに対して「諸外国に照会してみても、BHCによる汚染牛乳の事実が出ているのは日本だけ。このことは、わが国でBHCの使用がいかに乱脈だったかを示すもの」との批判の声も紹介されています。

厚生省はＷＨＯの基準が厳し過ぎることが問題だと言うばかりで、これまでのＢＨＣ使い過ぎ問題に対する反省は微塵も感じられません。

１０９ページの「朝日新聞」の記事は、厚生省のリーダーシップのもとで、牛乳中の残留農薬が見つかったかのような印象を受けますが、実状は高知県衛生研究所所属のひとりの研究員の発見を、業界とともに握りつぶそうとしたが、隠しきれなくなって公表せざるを得なかったというのが真相のようです。

牛乳中のBHC濃度
(高知県衛生研究所調べ)

| | 濃度（ppm） |
|---|---|
| WHO基準値 | 0.1 |
| アルファ | 2.3 |
| ベータ | 8.1 |
| ガンマ | 0.1 |
| デルタ | 0.3 |
| 合計 | 10.8 |

## 牛乳の残留農薬を検出した高知県衛生研究所主任研究員・上田雅彦氏

「ＢＨＣ農薬を多量に使い過ぎている日本の特殊事情から出てきた問題だけに、日本人でなければ研究できないのです。牛乳や肉などに含まれている残留農薬の研究に取り組んだ動機は、研究員としての使命感からだった」

「１９６６年にはすでに野菜や果実、動物性食品の農薬残留検査で汚染を突き止め、厚生省にも早く手を打つようにと言ってきた。分析の結果は予想どおりです。しかし、（１９６９年）10月に東北大学で開かれた食品衛生学会での発表をめぐって問題が大きいだけに抵抗もあった」

「発表の反響はまず農薬会社から返ってきた。演壇を降りるとすぐ取り囲まれた。その後のBHC、DDTの生産自粛は私の発表の結果だと思う。しかし、自粛の理由は明らかにされず、外国で禁止された例を挙げるだけで、この研究は表に出なかった。厚生省も（製造）業者も残留農薬の実態を知っていながら、いい子になった」

「BHC異性体のうち人体に最も悪影響があるとみられるベータ異性体の検出ができたのは、今年（1969年）2月。「何かアルファ、ガンマ以外の異性体があるとわかっていながら検出できなかった。市販の牛乳ではこのベータ異性体がBHC残留で70％以上を占めていることがわかり、改めて驚いた」

「原因不明で騒がれた去年の米ぬか油事件（※カネミ油症事件のこと）でも解決の糸口をつかんだ。『砒素説、農薬説が各大学の研究室で論議されたが、ガスクロマトグラフ（分析装置の一種）が油を分析したところ、まるで別の有機性塩素を検出した』。意外な分析結果だったが、間違っていたら責任をとると発表の際、上司に言い切った。結局、これがヒントで事件の原因物質は脱臭装置の故障で油に混じったPCB（商品名カネクロール）と究明された」

「土佐人には珍しく酒もたしなまず、深夜までガスクロマトグラフに付きっきり。もっともガスクロマトグラフのECD検出器を使って残留農薬分析を手がけたのは、わが国ではこの人が初めて」

「どんな分析結果が出るか恐ろしいときもあるが、検査結果の影響については騒ぎ立てるだけでなく、政府は冷静に考えて消費者の健康を守るための研究体制づくりに役立ててもらいたい」（朝日新聞・1969年12月18日「人、その意見」）。

さらに、翌19日（1969年12月）の「朝日新聞」は、「母乳からもBHC検出」と報じ、日本人に人体汚染が進んでいるとの警告を発しています。さらに牛乳については世界保健機関（WHO）が定めた環境基準（ガンマBHC0・004ppm）をはるかに超える最高0・731ppm（大阪府）〜最低0・17ppm（愛知県）のBHC（7種類の合計）が検出されたこと、日本の特殊事情としてガンマBHC以外の、特に残留性の高いベータBHCが高濃度で残留していることを示しました。

これに対し、厚生省は国際基準のないベータBHCの安全許容量の設定に向け本格的に取り組む決意を固めましたが（朝日新聞・1969年12月25日）、とんでもない方向違いです。厚生省がやるべきことは、殺虫効果がなく、人体への蓄積性が高いベータBHCの環境への放出を禁止することです。厚生省がわかっていないはずがありません。そうできない理由がある。それは例えば、枯葉剤の原料供給というミッションだったとすれば、生産量も含めて合理的に説明できます。

上田氏の研究により改めてクローズアップされた「BHC農薬を多量に使い過ぎている日本の特殊事情」ですが、欧米で流通しているものがガンマBHCを主成分とする「リンデン」なのに、なぜ日本ではガンマBHCがわずか1割程度のものしか流通していないのでしょうか？　安いとはいえ、10倍に水増しされたものでは使用量が10倍になるのは当然です。それでも安いと言えるのでしょうか？　日本は技術力が低くて「リンデン」が作れなかったとでもいうのでしょうか？

三菱化成の社史からその理由を探ってみます。

戦後、三菱化成は米国からもたらされた農薬ＤＤＴの工業化を検討していますが、原料を確保できなかったことから断念しています。その代わりに着目したのがＢＨＣでした。これらは原料のベンゼンと塩素を自給できたからですが、同社はポーラログラフによる迅速定量法を自社開発していて、自社製品ＢＨＣ中のガンマ体が少ないことを当初から把握していました。さらに１９５３年という初期の頃から、ガンマ体を濃縮した「リンデン」を製品化していました。ところが、それはほぼ全量を欧州への輸出に回していたのです。この段階で自社製品ＢＨＣから有効成分が抜き取られていて、その残りかすを日本国内で売りさばいていたというわけです。有効成分わずか1割程度のＢＨＣの謎は技術の問題ではなく、同社が意図的にやっていたということがわかりました。問題はたかがリンデンを欧州に売るために、同社は日本中をＢＨＣのカスのゴミ捨て場にするという決断をしたのか？ということです。ＢＨＣにはもっと大きなミッションがあったのではないかと疑わざるを得ません。その答えのヒントが、ＢＨＣは枯葉剤製造時の残渣《ざんさ》（残りカス）でもあるということです。同社の社史からＢＨＣ工業化の歩みを年表にしてみます。

## 農林省ＢＨＣ遺棄事件

さて、ＢＨＣは「残留農薬問題から１９７１年11月には行政指導に基づき生産を中止した」とのことですが、その前の2月末に、農林省がＢＨＣなどの有機塩素系農薬の使用を食用作物から完全追放（ただし、山林用は除外）することを決定。４月１日施行の「新農薬取締法」には罰則規定をつけて完全に使用禁止にするとのことです（朝日新聞・１９７１年2月26日）。問題は使用できなくなった未使用のＢＨＣの処分です。在庫のＢＨＣはどれくらいあって、その処分はどうなったのでしょうか？　農林省の調べによると、ＢＨＣは１９６９年12月に製造中止になっていて、メーカーや農協の在庫が７５００トン。農林省は通達で「今後使用しない有機塩素系殺虫剤は、毒劇物取扱責任者の指導のもとに小規模単位で地下1メートル以上の深さに埋設する」と指導するとのことです。しかし、「埋設したＢＨＣは2、3年で解毒（分解）されるとしているが、地下水を通じて土中に広がらないか、所有者に処分を任せたのではこっそり使われる恐れはないか、などの懸念が残る」と記事は紹介しています。ところが、同じ記事の中に「有機塩素系農薬は土中で10年近く残留する」とか、「日本乳業協議会（現・日本乳業協会）は、農林省が発表している在庫量７５００トンに疑いを持ち、農家の倉庫や一般販売店などに残されているものを含めれば、３倍の約２万トンに達するとみている」との記載もあります。

要するに、ほとんど何もわかっていないということのようです。そして、その処分方法については当時厚生労働省の政務次官だった橋本龍太郎氏（自民党衆議院議員、のちの総理大臣）のこんな発言が残っています。

（ＢＨＣなど）有機塩素系農薬というものの慢性毒性というものあるいは人体影響そのものについては、私どもは問題のものであることはよく承知をいたしておりますし、その点は農林当局も御承知の上で農薬取締法を施行せられることになったわけであります。

（ＢＨＣなど有機塩素系農薬の処分法について）現在農林省から各都道府県関係機関を通じて通達を出されました。私どもの知っておる範囲では、地下埋設方式等を含む処理方式を通達されたようであります。その通達を出されました後に、厚生省環境衛生局にその写しが回覧をされてまいりました。ただ、農薬として散布をしただけでも問題のあるものを、地下に大量に埋設することが果たしてその処理の方式としてベストなものであるかどうか、私どもには少々懸念がございます。逆に、今日もしそういう方式をとられた場合に、われわれとしてどのような点を注意し行政指導を行なっていかなければならないか、そうした点についての論議をいたしておるさなかであります（１９７１年3月18日・衆議院議員社会党労働委員会）。

この農林省から出された「地下埋設方式」を指示する通達は橋本龍太郎氏の懸念どおり、のちに枯葉剤でも大問題を引き起こします。その際、「処理方法がずさん」と批判された農林省は、厚生省と相談して決めたと釈明するわけですが、その場しのぎの言い逃れです。橋本氏の発言によれば、厚生省は、農林省が決定した後に「写し」をもらっただけに過ぎません。しかも、専門家でもない橋本氏でも一見して大丈夫か？と思うほどずさんな方法でした。さらには、ＢＨＣの在庫量を国会で問われたときも、薬務局長は「1万トンとの新聞情報しか持ち合わせていない」と白状しているくらい、この件では厚生省は蚊帳の外で、農林省の独走だったと言ってよいでしょう。

埋められたＢＨＣもその後とんでもないことになっています。２００８年9月5日の「朝日新聞」は、以下のような記事を掲載しています。

**埋設農薬、未処理２０００トン　補助金切られ10道県難航**

１９７０年代に国の指導で地下に埋められた有害農薬の最終処理が頓挫している。国は国際条約を批准して来春までに処理を終える計画だったが、財政難から10道県で２０８３トンが地下に眠ったまま。地震で地中に漏れ出る危険もある。国は「税源は移譲した」との立場で、解決のめどが立っていない。

有害農薬が地下に埋設されることになったのは１９７１年、旧農林省が農作物に残留し体内に蓄積して健康被害を引き起こすとして、アルドリン、エンドリン、ディルドリン、ＢＨＣ、ＤＤＴの5種類の有機塩素系農薬の使用を禁止。最終的には無害化処理が必要だが、当時は高温焼却などの技術はなかったため、地下に埋めるよう都道府県に指導した。30道県が計約４６６０トンを、プラスチックのコンテナに入れた上で、県有地や農薬メーカーの敷地などの地下にコンクリートの箱に密閉するなどして埋めた（※実際には、粉剤は紙袋のまま、乳剤は灯油缶のまま埋められたケースが多いものとみられます。埋設方法を指示した通達がそうなっていました）。

政府は2002年、有害化学物質を規制する「残留性有機汚染物質に関するストックホルム条約」を批准したことから、地中に埋めた農薬の最終処理を検討。条約に期限はないが、国は2004年度から5年で処理する計画をたて、2004、2005両年度は国が費用の半分を負担する補助事業（各約4億円）を組んだ。しかし、国から地方に税源を移譲する三位一体改革で、2006年に補助金は廃止になった。

農林水産省の4月時点の調査を基に朝日新聞社が調べた結果、30道県のうち20県で最終処理が完了していたが、10道県の120カ所で未処理だった。同省は犯罪予防や安全維持を理由に埋設場所は非公表としている。

2005年の朝日新聞社の都道府県への調査で、12道府県で周辺土壌や地下水への汚染が確認された。うち5府県では環境基準を上回っていた。その後、土壌の除去などが進められている。専門家からは地震などの災害時に地盤がゆるんで農薬が地中に漏れ出る危険性も指摘されている。

94カ所と埋設場所が最多だった新潟県は、2005年度から計約6億円を投じて処理を進めたが、88カ所が未処理で、うち74カ所は計画すらない。埋設場所を集約せずに自治体単位で埋めたことが障害となっている。県の担当者は「予備調査に1年、掘削作業に1年はかかる。予算にも限りがあり、やれる所からやっていくしかない」と嘆く。

北海道、滋賀、鳥取、岡山の4道県はまったく処理計画がない。北海道は最も数量が多く、農薬メーカーの敷地2カ所に計566トンが眠る。担当者は「もともとは国の指導で地下に埋めた。本来、条約への対応や農薬の管理は国の責務。財源を含めて国が最終処分まで対応すべきだ」と不満を隠さない。

処理したくても物理的にできないケースもある。鳥取県は国が補助金を出す前から独自に処理に取り組み、45カ所を18カ所まで減らした。しかし、残りの大半は建物や道路ができて、掘り返せないのが実態だという。

10カ所中8カ所で処理を終えた長野県。上田市のゴルフ場敷地内は今年度中に処理できる予定だが、最後の1カ所は富士見町の農協の貯蔵庫の地下。なんとか建物を撤去せずに周りから取り除く方法はないか調査中だ。

農水省農薬対策室は「国から地方に税源が移譲されたなかで、最終処理の費用分も上乗せされている。最終処理を優先するか否かは各道県の判断次第」とし、新たな予算措置の予定はないとしている。

**【東京農工大学教授・細見正明氏の話】**　埋設された農薬が放置されれば、雨水などで周辺の土壌や地下水が汚染される可能性があり、地震でコンクリートの覆いが壊れる恐れもある。国と地方の双方に責任はあり、責任の押し付け合いで処理が進まないのでは、国際的には通用しない。未処理の場所は処理できない事情や監視の状況をきちんと説明し、処理が済んだ場所も汚染の有無や処理の方法を公表して安全性を客観的に示していく必要がある（朝日新聞・2008年9月5日）。

処理はその後どうなったのでしょうか？　現在の状況については、農林水産省のホームページの「埋設農薬の管理状況」で確認することができます。

## これまでの経緯

昭和20年代から農薬登録されていた有機塩素系農薬（ＢＨＣ、ＤＤＴ、アルドリン、ディルドリンおよびエンドリン）は、残留性が高いなどの問題があったため、昭和46（１９７１）年に販売の禁止または制限を行ないました。これらの農薬は、当時、無害化処理法が確立されていなかったことから、昭和46年に農林水産省（当時は農林省）が、これらの農薬を周辺に漏洩しない方法（※実際はずさんな方法で厚生省は懸念していた）により埋設処理を行なうことを決め、農林水産省の指導に基づき、都道府県、市町村、農業者団体等により埋設処理が行なわ

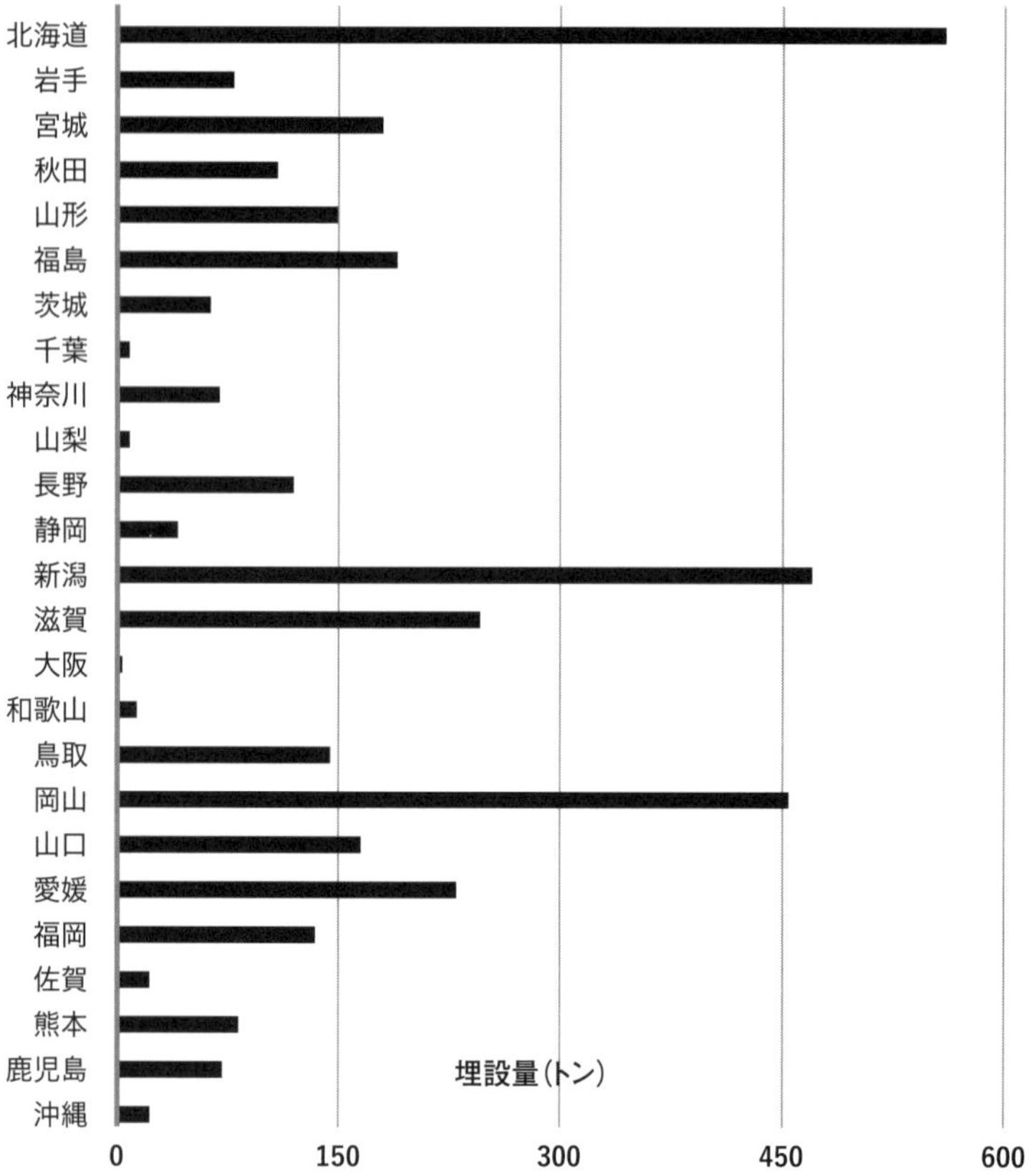


有機塩素系農薬の埋設量（農林水産省調べ 2001年）

れました。こうして埋設された農薬を「埋設農薬」と呼んでいます。

これらの農薬は、2001年に採択された「残留性有機汚染物質に関するストックホルム条約（ＰＯＰｓ条約）」により、適切な管理を行なうことおよび処理を行なう場合は、環境に配慮した適正な方法で実施することが求められています。

このため、農林水産省は、平成13（2001）年に埋設農薬の状況を調査しました。

さらに、技術の進歩により、環境を汚染せずに埋設農薬を無害化する処理法が確立したことから、農林水産省は、埋設農薬の処理が着実に進むよう、平成16、17年度において、都道府県向けの補助金による支援を行ないました。また、平成18年度以降は、当該補助金に見合った金額を税源移譲したことにともない、都道府県等が、埋設農薬の管理や処理を行なっています（※ここで、責任を都道府県に押し付けています）。

農林水産省は、都道府県での管理及び処理の状況を把握し、それらをまとめて当ホームページ上で情報提供しています。

**管理などに関する基本的考え方**

埋設農薬の管理においては、都道府県等が環境に配慮し適切に実施する必要があります。また、無害化処理を行なう際は、環境を汚染しないよう、掘削する範囲を特定したり、周辺に漏洩がないかを確認した上で処理を進めています。

農林水産省は、都道府県等に対して、処理計画の策定や環境調査に必要となる財政的な支援及び技術的指導を行なっています（※遺棄した張本人が指導する側へ）。

## 管理状況

農林水産省は、平成13（２００１）年に埋設農薬の実態を把握するための調査を、また、平成20年にその後の埋設農薬の管理状況を把握するための調査を行ないました。

それらの結果、確認された埋設農薬は、全国24道県、１６８カ所の約４４００トンでした（※１９７１年時点で７５００トンあったはず。すでにこの時点で３０００トンが行方不明）。また、そのうち、全国46カ所の約２２００トンの農薬が、すでに無害化処理されており、残りの11道県の２２００トンの農薬は、適切に管理されていました。

平成20（２００８）年４月から令和３（２０２１）年３月までに、関係道県等において、約１９００トンの埋設農薬が無害化処理されました。

残りの約３００トンの埋設農薬は、関係県等が、土壌調査、水質調査等の実施により、周辺環境が汚染されないよう適切に管理しています。

第2部

# ダイオキシンの発見

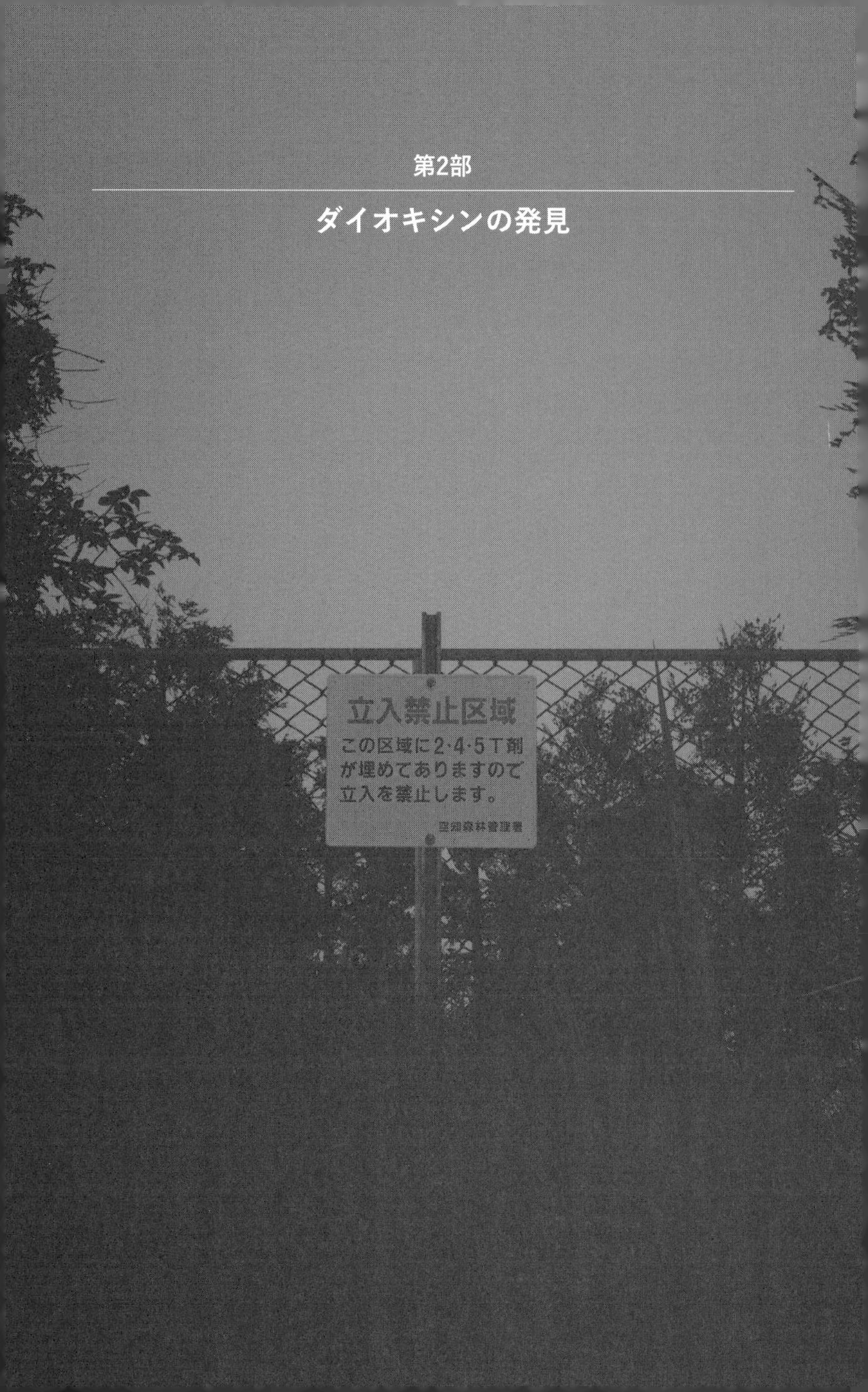
立入禁止区域
この区域に2・4・5T剤
が埋めてありますので
立入を禁止します。

# 第6章　目的不明の人体実験

この章から、枯葉剤とダイオキシンの関係に入っていきます。

「枯葉剤＝ダイオキシンそのもの」との誤解も散見されますが、ダイオキシンは枯葉剤にわずかに含まれる不純物です。それをいいことに、枯葉剤メーカーは責任逃れを続けます。

しかし、枯葉剤メーカーは枯葉剤中のダイオキシンの存在を知っていて、その量をコントロールする技術まで持っていたことがのちに明らかになります。

この章では、1973年に三井東圧化学が行なった人体実験の謎に迫ります。実験の目的は明らかにされずじまいでしたが、ダイオキシン量をコントロールしていたという前提に立てば、実験の目的が新たに浮かび上がってきます。

## 目的は医者も知らず

1973年1月27日に、米国、南ベトナム、北ベトナムおよび南ベトナム臨時革命政府（南ベトナム解放民族戦線）がパリ和平協定に調印して、米軍のベトナムからの撤退が確定しました。

その直後、三井東圧化学が一部の従業員に対して本人の同意を得ないまま3種類の枯葉剤関連物質を体に塗るという「人体実験」を行なっていたことが発覚しました。例によって労働省（現・厚生労働省）は企業擁護の立場です。人体実験の目的は何だったのでしょうか？　１９７３年３月27日の「朝日新聞」は、以下のような記事を掲載しました。

**三井東圧化学農薬で人体実験　説明せず影響調査**
**背中に溶液塗る　労組抗議　会社、受診者に謝罪文**

１９７３年２月16日から３日間、三井東圧化学大牟田工業所は、熊本大学医学部教授・野村茂氏に委託して、枯葉剤２４５ＴやⅠその原料２４５ＴＣＰの製造に関わっていた労働者（約１００名）のうち労災患者30名と健常者10名の計40名に対し、いずれも無断で、すでに製造を中止している水田除草剤ＰＣＰ、ＰＣＰソーダ、枯葉剤原料２４５ＴＣＰ（トリクロロフェノール）の溶液（各1、2、3％）をしみ込ませたガーゼ（人差し指大）を背中に合計９カ所貼り、そのかぶれ具合を見てその有毒性の程度を検査していたことが労組の調査でわかった。

組合側は「ていのよい（※見せかけだけがよい）人体実験ではないか」と抗議、会社側も溶液の無害は主張しながらも、検査内容について事前に説明しなかったことについて「配慮が足りなかった」と受診者（※受検者）全員に謝罪文を送った。

また、この検査と同時に心電図、血液検査、肝機能検査などをし、さらに1週間から10日後に各人の尿検査も行なわれた。この結果、当該労働者にその後かぶれなどができたため、調べてみると毒性の溶液が塗られていたことがわかった。同所で働くAさん（26歳）も検査を受けたひとり。Aさんは1968年11月に245TCPの中毒患者と認定され、今でも顔や尻などの吹き出物の切開手術を続けている。「事前に検査内容について何も知らされていなかったので気軽に受けた。その後毒物の溶液を塗られたと知ってびっくりした。モルモット扱いされたのではないか」という。

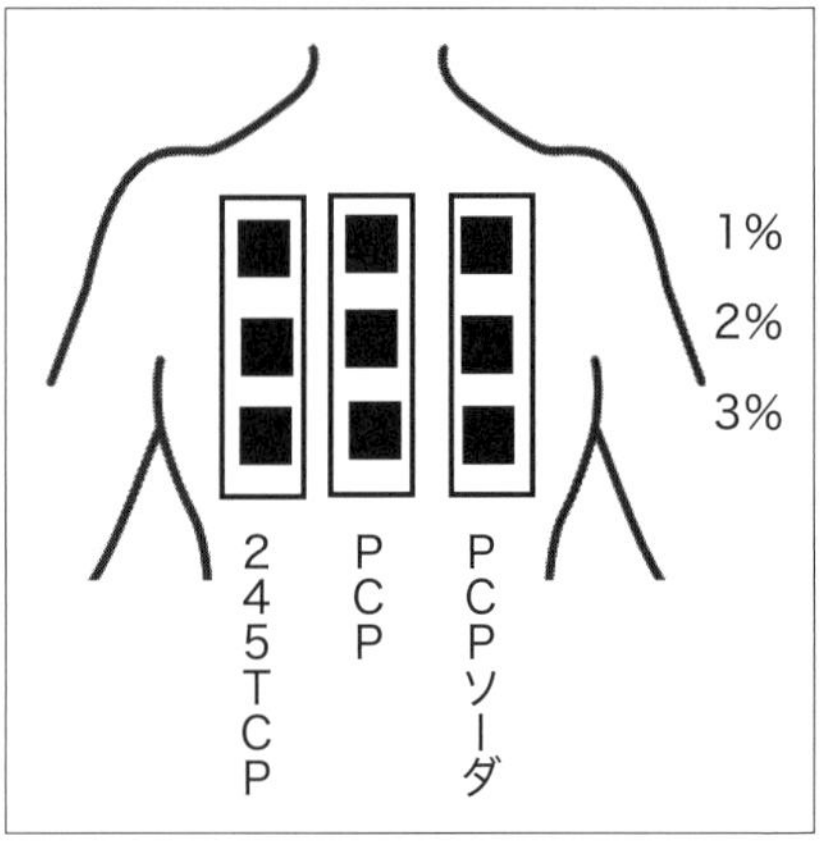


「泥水　大牟田の公害54号
（1973年4月1日発行）所収

人体実験ではないかとの指摘に対する、野村氏と会社の見解は次のとおりです。

**熊本大学医学部教授・野村茂氏**　今度の検査は有機塩素化合物の皮膚に対する影響を調べるものだ。薬品の量も1、2滴で、医学的にも安全性を確認されたテストだ。人体実験といわれるのはまったく心外だ。

**三井東圧化学大牟田工業所事務部長・栗野隆氏**　中毒患者に対する効果的な治療方法を開拓するため、野村教授に依頼した。ただ検査については事前に各人の了解を得るべきだったと反省している。（朝日新聞・1973年3月27日）

野村茂氏は「薬品の量も1、2滴（少量）だから」と手段を、会社は「効果的な治療方法の開拓のため」と目的を言い訳にして、両者はともに人体実験ではないと主張しているわけですが、過去に中毒患者が多く出たため、三井東圧化学大牟田工業所では245TCPは1970年、PCPは1971年に製造を中止しているのです。このような有害な薬品を、被験者に説明もせず、了解もとらず、体に塗るなどという行為が正当化できるはずがありません。なお、この種の検査は1970年9月にも一度行なわれたとのことですが、そのときは直接溶液を体に塗るなどの検査はありませんでした。

「毎日新聞」は翌日3月28日に、大牟田労働基準監督署と熊本大学の当事者のコメントを報じています。

組合側は「本人に何も知らせずにこのようなテストをするのは人体実験と思われても仕方がない」と会社のやり方を非難。会社側もこのほど行なわれた団交の席で「検査は熊本大学に一任していたので具体的な内容までは知らなかった」と答え、受診者（※被験者）全員に「検査の目的はあくまで各人の健康状態を知るための反応テストであり、人体実験ではない。ただ組合員の了承なしに反応テストを行なったのは申し訳なかった」という趣旨の陳謝状を郵送している。

**大牟田労働基準監督署第二課長・久保山正信氏の話**　特定化学物質等障害予防規則により、反応テストは認められている。健康状態の追跡調査ならばむしろ勧めるべきだ。その場合は当然検診対象者の納得と十分な理解のもとに行なわれるべきで、それがなされなかったところに問題がある。

**熊本大学医学部教授・野村茂氏の話**　特殊検診の方法としては一般化されたもので人体実験とは心外だ。特定化学物質等障害予防規則によると、医師が必要と認めた場合はパッチテスト（皮膚の反応テスト）をしてもよいと認められている。

---

テストが健康状態を知るためだったという会社の主張は実害があったことを隠してのかなり苦しい言い訳ですが、大牟田労働基準監督署の「むしろ勧めるべき」は言い過ぎでしょう。人体実験の結果については、会社側は「実害は出ていない」と発表していましたが、「毎日新聞」（1973年4月1日）が「実害あった　農薬で8割に異常」が出ていると伝えています。大牟田労働基準監督署の調べによるもので、内訳は、受検者40人中、異常を感じなかった（8人）、農薬を塗っている間かゆみを感じた（21人）、農薬を除いた後もかゆみを感じた（5人）、背中全体が赤く腫れた、後日まで腫れが残った（6人）でした。大牟田労働基準監督署によると、245TCPの中毒患者

（労災認定）は14人、ＰＣＰの中毒患者は28人（療養中21人、休業中5人、障害補償支給2人）。

会社側は、今回の人体影響調査は特にＰＣＰの治療面の開拓が目的だったと説明していますが、受検者の中には「２４５ＴＣＰ（枯葉剤の中間体）は2、3カ月後にも吹き出物など後遺症が出ると聞いており不安だ」と訴える人が多かったのです。

大牟田労働基準監督署は「試験内容を説明し、受検者の承諾を得ること」という労働省通達（１９５８年）に明らかに違反しているとして、行政処分を検討しているとのことです。

## 見て見ぬふりの労働省

監督官庁である労働省はこの事件をどのように見ていたのでしょうか？　１９７３年4月3日の衆議院社会労働委員会で三井東圧化学の人体実験問題が取り上げられました。まず、労働省の見解です。

**労働省労働基準局長・渡邊健二氏**　いわゆる薬品のなかで感作料品といわれます種類の薬品につきまして、これらの薬品に対する過敏症の者を発見いたしまして適切な処置を行ないますために、少量を皮膚に貼付試験するいわゆるパッチテストというものが行なわれますことは、これは一般に行なわれていることでありまして、健康管理の一環として行なわれるものである限り、労働衛生上あり得ること。

「感作料品」とは、人によってはアレルギー反応を起こす可能性があるものという意味のようですが、「パッチテスト（貼付試験）」がそのような薬品に認められているからといって、ベトナム戦争の枯葉作戦に使われたような有毒な薬剤にまで拡大解釈して「問題がなかった」と言うのは無理があります。ところが、渡邊氏は法律に規定がないのをいいことに、「私どもが専門家から聞いておりますところでは、今回のこの薬品は、そういうパッチテストをやっても別に特別な場合ではない、やってもいい種類のものに入るのだというふうに聞いておるわけでございます」と会社寄りの答弁をし、労働省もまた「本人に無断でテストしたことは問題があるが、テスト自体は合法」との立場でした。そして、何より政権与党側に質問者を小ばかにした態度が露骨に表れています。

**衆議院議員・石母田達氏（日本共産党）**　今回のパッチテストというものは、すでに何年も前に製造中止になり、毒性としてわかっておるものです。そしてその被害者が出ておる。その被害の程度を調べるのにまたパッチテストを使う。これは、明らかに、労働者の生命、健康というものを極めて軽んじた工場側の姿勢が表れておる。こういうふうに思いますけれども、この点については（中略）労働大臣に聞きましょう。

**労働大臣・加藤常太郎氏**　私、この点では化学的な頭が十分ないので、どの程度の毒性があるかということについてはちょっとわかりませんが、今の話では……。

**石母田達氏**　さっき聞いたでしょう、（ベトナム戦争で）枯葉作戦に使っているんだということを。

**労働大臣・加藤常太郎氏**　枯葉作戦に使ったとかいうようなことから、相当な危険な薬品であることには間違いはないと思うが、健康管理の見地からこれを試用した行為ではあったけれども、どうも危険性がある。（中略）今後そのようなことがないように（中略）十分留意をするように通達を発したいと思います。

そのときです。後ろの席から「枯葉にはあるかもしらぬけれども、人体にはあまり毒はないのではないか」との野次が飛びました。後ろの席ということは、ヤジの主は与党のベテラン議員でしょう。石母田氏はその野次にも反論しています。

**石母田達氏**　（そういう人がいますので）もう一ぺん申しますが、２４５ＴＣＰの中毒患者が35人すでに被患しておる、そしてそのうちの８人が熊本大学の附属病院で治療中である。ＰＣＰについては32人が被患して、24人が治療中である。こういう薬品でこうした問題が起きておるから、今度の実験という問題が出ておるわけです。労働省はもちろん知っておると思いますけど。

**労働省労働基準局長・渡邊健二氏**　２４５ＴＣＰおよびＰＣＰにつきまして、ご指摘のような障害が発生いたしておることは承知しております。

**石母田達氏**　こういう非常に重大な問題なんです。ご承知のように、大牟田というのは、行ってみればわかりますけれども、公害の町なんです。これは、公害の発生するなかで最も大きなものは、三井東圧化学といわれておるのです。あの大牟田川があいう「七色の川」といわれて、日本でも最大の汚染の川となっているひとつは、この三井東圧化学の廃液を流し込んだからです。

そうして、この会社が爆発事故や有毒ガスの漏れなどで何回も事故を起こし、さらにこのように、製品を生産しているなかで、ＰＣＰやあるいは２４５ＴＣＰ、ベンジン、そうしたもののために多数の職業病が出ており、労働者に被害を与えておる工場なんです。こういう公害大企業がまたしてもこういう問題を起こしたことに対して、労働省が、いま政府の全体の方向からいっても、この公害大企業に徹底的にメスを加えていかなくちゃならぬ。こういう問題が起きたときにこそ、厳重にやっていかなければならぬ。ところが、いま話を聞いてみると、厳重に注意したと言うけれども、具体的には何にもないでしょう。そうして、むしろ、労働省の見解というものは、私には会社を弁護しているとしか思えない。この実態をほんとうにつかんでこれを追及していく方向でなくて、何かパッチテストは許されているのだ、だから医療上は問題ない、そういうような煙幕を張る方向に行っている。こういう大企業に対しては私は徹底的に追及して――このような労働者の生命、健康、それから公害を軽んずるようなそういう大企業に対しては、徹底的な追及をしていかなくちゃならぬ。そういう点では、この新聞に発表された、先ほど皆さんが発表されている労働省の見解、政府の見解というものは、私は極めて不十分である、こういう点をぜひともいま言ったような方向で直していただきたい。

加藤労働大臣は「私もご趣旨にほんとうに同感であります」と答えただけで結局、国会でも、会社はなぜ被験者に説明しなかったのかは明らかにされませんでした。

この不可解な「人体実験」は何のために行われたのでしょうか？　三井東圧化学は「実験を野村教授に一任した」と答えていますが、実態は逆だったようで、野村茂氏は「会社が実験項目を指示した。すでにわかっていることばかりで、改めて実験する目的が理解できない」と国会の調査に回答しています。

野村氏は除草剤ＰＣＰを加工（粘土と混ぜて顆粒状にする）していた三西化学工業（旧・三光化学）荒木工場（福岡県久留米市）の周辺住民に対する健康調査を3回にわたり実施した経験があり、ＰＣＰや２４５ＴＣＰの健康影響は野村氏にとって「わざわざ実験しなくてもわかっている」ことでした。

しかも、野村氏は、学会では「ＰＣＰ工場で製造工程において飛散する刺激性煙霧のために地区住民の生活を妨害し、健康上においても皮膚粘膜刺激症状と神経症状が現れていた」などと発表しておきながら、第2回検診後に国に提出した報告書の結論は「明らかにＰＣＰ中毒を疑うべきものは見出されなかった」というものであり、野村報告書の最終結論も「有所見者が必ずしも工場からの煙霧と関連あるものとは考えられなかった」とするなど、結論部分を意図的に使い分けていました。行政も報告書の結論から「因果関係なし」として住民の訴えを放置しつづけたのです。

## 目的は何か？

当時明らかにされなかった実験の目的を推理するには、まず実験が行なわれたタイミング、そして実験内容を吟味することが重要です。この人体実験の直前に、三井東圧化学の子会社・三西化学工業（福岡県久留米市）による農薬汚染と周辺住民の健康被害の関係が初めて明らかになっています。

三西化学工業は１９６０年の創業当初からＰＣＰなどの農薬の漏洩が凄まじく、周辺住民からの苦情が絶えませんでした。そこで、東京歯科大学教授・上田喜一氏の（厚生省の委託、１９６２年12月）、熊本大学医学部教授・野村茂氏（三井化学の委託、１９６３年３月・８月、１９６４年３月の３回実施）、久留米大学医学部教授・山口誠也氏（福岡県の委託、１９７１年５月）などが次々に調査に訪れていますが、いずれも「大気中の農薬濃度と住民の症状との間に因果関係は認められない」との結論で調査を終えています。

これらの調査はすべて公平な検診と呼べるものではありませんでした。例えば１９７１年５月に行なわれた山口氏の検診では、検診希望者３０２人に対し、福岡県は被験者を最初から70人に制限。そのうちの65人が受診しましたが、診察は山口氏ひとりで聴診器もあてず診断、わずか2時間半（1人あたり約2分）で終えるという、いい加減なものでした。こんな簡単な診察で、ほとんどわかっていない農薬の慢性中毒が診断できるとは思えません。それればかりか、福岡県公害課参事の高橋克己氏は午後３時頃から盛んに「（被験者は）もう来はせん。もう来はせん」とさも来ないのがうれしいように診察室内を行ったり来たりしていたというのです。

福岡県も会社側に立って、事件をもみ消そうという姿勢が歴然としています。山口誠也氏は非公式の場では、住民に対し早く逃げるようアドバイスしています。そして、住民が山口検診の不当性を訴えている真っ只中の10月16日、三西化学工業の排水口から下流部で大量のドジョウやフナが死んで浮かぶという事件が発生。福岡県や久留米市保健所は高濃度の農薬を検出したものの「工場に問題ナシ」として片づけてしまったのです。それ以前にも久留米警察署に訴えても「告訴ではなく、告訴の相談だけだった」として対処しなかったということもありました。住民たちは行政に対しても不信感を募らせ、住民側が主体となった自主検診を発案、東京大学医学部講師の高橋晄正氏に検診を依頼しました。


1972年5月に行なわれた自主検診には工場周辺住民134人が参加。検診の結果、皮膚症状（かぶれ、ブツブツ、しみ、色が悪いなど）、視力低下、結膜炎様症状、鼻・咽頭症状、神経精神症状（不眠、熟眠困難、嗅覚障害など）、自律神経症状、胃腸障害などが多数存在することが認められました。さらに、微血尿、コリンエステラーゼ活性値の低下（肝機能の低下）、心電図異常も認められています。

ただし、これらの項目は野村茂氏の調査でもわかっていたことです。野村茂氏の調査では、住民に異常は認められるが、除草剤ＰＣＰが原因とは断定できないという結論でした（この野村報告書は作成過程で、三井化学の総務部長や福岡県衛生部薬務課の責任者が関わっていたとの証言があり、結論が歪曲されている疑いがあります）。ところが、検診を進めるうち、高橋晄正氏はあることに気づいたのです。これらの他覚的異常者は井戸水飲用者に多いということに。それまで大気中の農薬濃度ばかりが問題とされ、相関関係ナシとされていましたから、新たな調査指標が見出されたことで、住民の症状の程度と原因物質の濃度との間の相関関係が証明され、三西化学工業が汚染源と特定される可能性が高まったのです。

高橋晄正氏らの指摘によって長野県・佐久総合病院が井戸水を分析したところ、三西化学工業の下流域で高濃度のＰＣＰ、ＢＨＣなどが検出されました（１９７２年9月）。すると、三西化学工業が工場敷地内の汚染土壌を密かに搬出。久留米市が翌月行なった分析では農薬濃度が見事に激減しています。そこで住民らは12月に三西化学工業の証拠保全を申し立てるとともに、不法投棄されていた汚染土壌の分析を、愛媛大学農学部助教授・立川涼氏に依頼しています（１９７２年12月）。その結果、ＰＣＰ（66ｐｐｍ）、ＢＨＣ（78ｐｐｍ）、ＣＮＰ（１６８０ｐｐｍ）のほか、ＰＣＢを検出。その結果が三西化学工業にもたらされると、工場幹部はそれまでの知らぬ存ぜぬの態度を一変。彼らの動きが何やら慌ただしくなったことを、住民は特に印象深く記憶していました。住民が三西化学工業を水質汚濁防止法違反、毒物及び劇物物取締法違反で告発したのは１９７３年２月1日でした。この告発は福岡地方検察庁によって調査が進められましたが、調査結果が報告されないまま、担当検事は千葉へ転勤、告発はうやむやにされました。

さらに、2月5日には「農薬公害の三西化学工業、従業員に皮膚炎」との報道がなされましたが、福岡県は2月12日に「因果関係の証明は住民がその責を負う」という「県の見解」を発表して、問題の圧殺を図っています。公害被害者が汚染物質と損害の発生との間の因果関係を科学的に厳密に立証しなければならないならば、事実上、法廷での公害被害の救済は不可能です。

問題の人体実験はこのわずか数日後に行なわれているのです。

従って、このタイミングでの人体実験は、三西化学工業の親会社である三井東圧化学が、裁判戦術において必要なデータを採ろうとしたのではないかと推測されます。

水俣病の第一次訴訟で原告側（水俣病被害者）が全面勝訴を勝ち取ったのもこの直後、3月20日のことでした。

三井東圧化学が必要としていて、かつ野村茂氏も知らないデータとは何でしょうか。野村氏によると、ＰＣＰ、ＰＣＰソーダ、枯葉剤の原料２４５ＴＣＰそのものの人体への影響はわかっているとのことですから、それを敢えて再度実験することの意味は、何だったのでしょうか？　人体実験に使ったＰＣＰなどが、野村氏の知っている従来のＰＣＰとは違うものである可能性が高いとも考えられます。その場合の可能性としては、従業員の皮膚炎がＰＣＰ中のダイオキシン濃度と関係するか否かを人体実験で確認しようとしたのではないか。極力ダイオキシンを減らしたＰＣＰを従業員の皮膚に塗って炎症が起きなければ、ＰＣＰが皮膚炎の原因ではないと堂々と反論できます。

ベトナム戦争における枯葉作戦による催奇形性の発現原因は枯葉剤そのものではなく、不純物ダイオキシンの影響だとみられていました。しかし、この当時枯葉剤およびその原料中のダイオキシン濃度を測定する分析方法が確立されておらず、そのような場合はもっぱら実験動物を利用して今回のような塗布実験（パッチテスト）から推測するのが一般的でした。もちろん動物と人間では個体差のほかに種による感受性の違いがあり、動物実験から人間への影響を推測するのは簡単ではありません。それに比べると、人体実験ができれば、人間への影響をよりダイレクトに把握することができます。

つまり「三井東圧化学従業員や三西化学工業の工場周辺住民が発症した原因はダイオキシンだったのでは？」という会社側の仮説を確認するためだったのではないかと考えられます。原因がダイオキシンであれば、三西化学工業が提訴された場合、ダイオキシンを低減したＰＣＰで塗布実験（パッチテスト）をしてみせて、自社のＰＣＰは無害だと堂々と主張できるわけです。

三井東圧化学がＰＣＰ、２４５ＴＣＰではすでに多くの被害者を出しているにもかかわらず、新聞社の取材に対し、ことさらに「薬品は無害」と言い立てている背景には、会社側に「純粋の（ダイオキシンフリーの）ＰＣＰ」の毒性は極めて低いのではないかという確信、あるいは期待があったのではないかと思われます。「かぶれるはずがない」との過信さえあったかもしれません。確かに、農林水産省が分析したこの頃のＰＣＰは最もダイオキシン濃度が低くなっていました。受検者にばれることはなかろうという希望的観測があったからこそ「受検者に無断で」やってしまったのだと考えられます。しかし、結果は期待に反して「発症」し、人体実験の存在が明らかになったのです。

ところで、人体実験の目的が「ダイオキシンフリーの除草剤の毒性評価」だとすると、三井東圧化学には、自社製除草剤のダイオキシン量を低減する技術があったことが前提となります。

## ダイオキシンは語る

横浜国立大学教授（当時）の中西準子氏と益永茂樹氏が「三井化学は自社製除草剤中のダイオキシン濃度を知っていて減らしていた」ことに気づいたのは、１９９９年のことでした。彼らはまったく別の目的で１９６０年代から１９７０年代にかけて製造された農薬中のダイオキシン分析を行なった際に、偶然見つけたのです。

彼らの研究は、ダイオキシンの発生源は都市ゴミ焼却炉しかないとする国のダイオキシン対策に対し、農薬由来のダイオキシン放出量を明らかにして、国の方針の妥当性を評価しようというものでした。しかし、三井化学がダイオキシン濃度をコントロールしていた可能性（本来の目的ではな

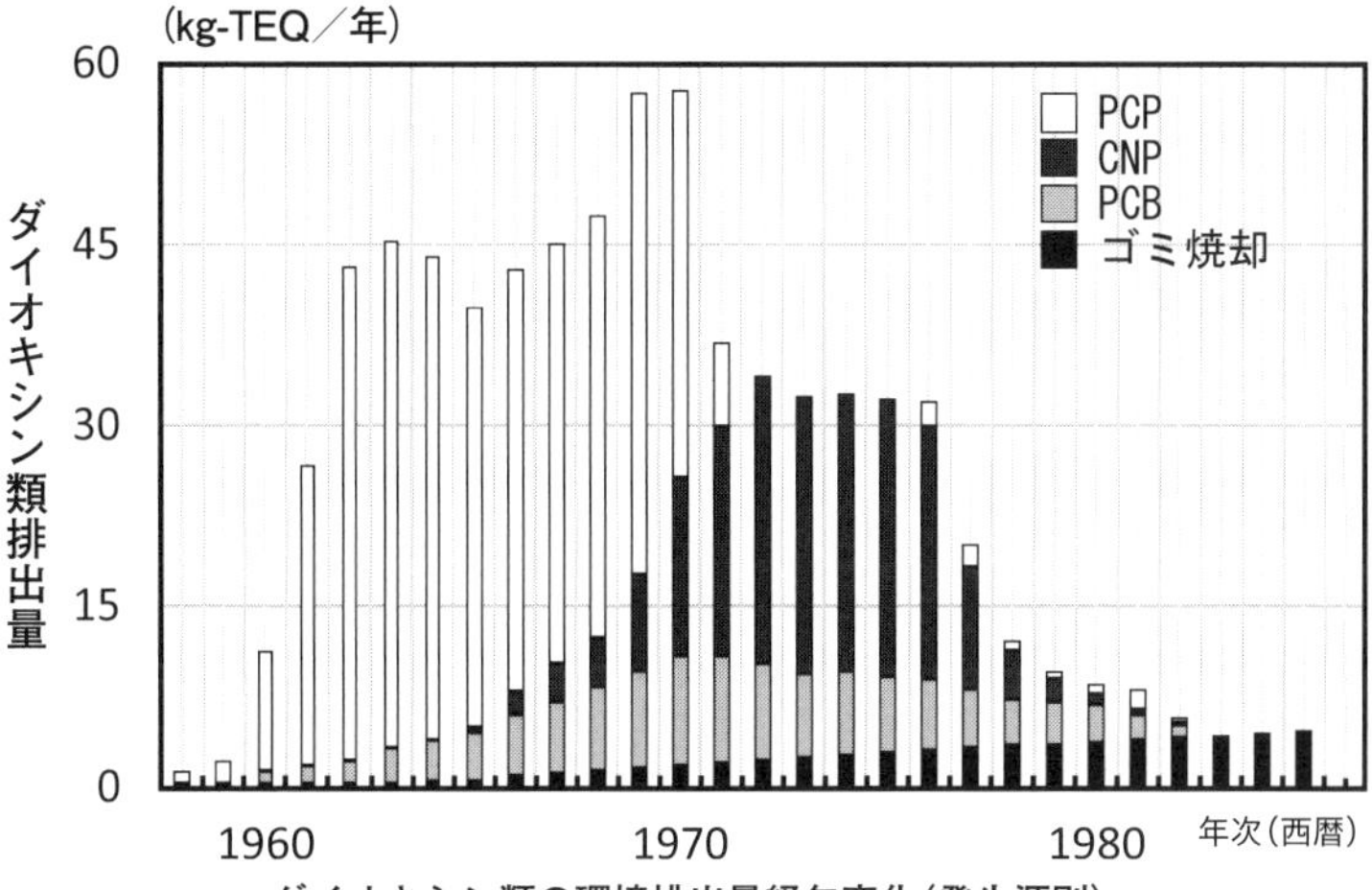

ダイオキシン類の環境排出量経年変化(発生源別)

※中西準子『環境リスク学—不安の海の羅針盤』(2004年) 62ページのグラフを加工

かった）に気づいてしまったばかりに、彼らは厳しい「迫害」を受けることになりました。

１９９０年代後半に突如沸き上がったダイオキシン騒動のなか、１９９９年1月に中西準子氏らのグループが、農家に残されていた古い除草剤ＰＣＰとＣＮＰをかき集めて分析、除草剤由来のダイオキシン汚染の実態を大学のワークショップで発表しました。ＣＮＰとは１９６５年に三井東圧化学がＰＣＰに代わる水田除草剤として開発した農薬で、商品名「ＭＯ（Ｍ＝三井、Ｏ＝大牟田）」が示すごとく、三井東圧化学大牟田工業所を代表するヒット商品になりました。しかし、１９９４年に胆のう癌の原因物質であることが指摘され、生産中止となりました。中西氏は研究の意義を次のように説明しています。

私たちの研究室は、今年の1月に開かれたワークショップで、日本でかつて大量に使われた水田除草剤に最も毒性が高いダイオキシンが含まれていたと発表した。しかも、それらの毒性等価換算量（ＴＥＱ）は、「総量でベトナムに散布された枯葉剤の量を超え」、わが国で都市ゴミ焼却炉から排出されていると推定される量と比較しても10倍程度高いという推定を出した。この結果は、都市ゴミ焼却炉だけを目の敵にしたような論調や行政の政策の変更を求める、歴史的な研究だと自負している（中西氏のＷＥＢサイト・２００２年４月22日）。

中西氏らの研究はゴミ焼却炉建設一本やりのダイオキシン行政に一石を投じるもので、国会でも取り上げられましたが、『朝日新聞』を除くジャーナリズムは、完全に無視」（中西氏のＷＥＢサイト）という状況でした。その背景には、ゴミ焼却炉のダイオキシン特需に水を差されては困る産業界の意向があったと思われます。その後、中西氏らにとって想定外の展開が待っていました

その年（1999年）の3月末に開かれた日本農薬学会で、三井化学のT氏が、告訴すると言い、さらによく事情が呑み込めないのだが、農林水産省までが国会内で、市民団体に対し、告訴も考えると発言した。（中略）表面での無視とは裏腹に、水面下でわれわれの研究グループにかけられている圧力と誹謗中傷、直接的な脅しは、背筋が寒くなるほど厳しい（中西氏のWEBサイト・2002年4月22日）。

中西氏らは製造年次がわかる古い農薬を集めて、それぞれの農薬中のダイオキシン濃度を測定、そして、当該農薬の年次ごとの出荷量（統計データ）から年次ごとのダイオキシン放出量を推計したのです。その結果は大型焼却炉建設一辺倒という国策の誤りを指摘するものでしたが、彼らが明らかにしたのはそれだけではありませんでした。「日本国内で放出された除草剤由来のダイオキシンは米軍がベトナムで散布した枯葉剤由来のダイオキシン量より多かった」ことを指摘するとともに、「三井東圧化学は自社製除草剤中のダイオキシン濃度を知っていて（問題が表面化すると）減らしていた」ことまで発見してしまったのです。

中西氏らによると、三井東圧化学の除草剤を生産年順に並べると、不純物として含まれるダイオ

キシン濃度が激減する不自然な「不連続性」があるというのです。そして、その「不連続ポイント」とダイオキシンが社会的問題となった時期とがピタリと一致するということは、同社がダイオキシン濃度を自在にコントロールする技術を持っていたことの証拠だというのが、中西氏の主張です。

しかし、中西氏は「知っていて増やした」と言ったわけではありません。知った以上、当該製品の製造中止ないしは有害物質を減らすのは企業努力として当然のことと思われます。それなのに、なぜ三井化学のT氏や農林水産省は、中西氏を告訴すると恫喝したのでしょうか？　その答えは、農林水産省と三井化学が恫喝をやめた日（謝罪会見を開いた1999年7月）から推測できるかもしれません。つまり、恫喝する必要がなくなったから謝罪会見（恫喝をやめる）を開いたのでしょうから。両者は記者会見のなかであっさり三井東圧化学の除草剤に最も毒性の高いダイオキシンが含まれることを認めたのです。

つまり、これは同社にとって争点ではなかったと考えられます。重要なことは、謝罪会見の開かれた日はダイオキシン類対策特別措置法が成立した日だということです。同特措法は1960年代の農薬散布によるダイオキシン汚染には一切触れず、全国のゴミ焼却炉を、最新式のダイオキシン対策を施した焼却工場に建て替えることを促進するものでした。国民のダイオキシン対策にはあまり役に立たないが、産業界、特にいわゆる「重厚長大の斜陽産業」界にダイオキシン特需をもたらすものでした。

そして、両者の共通の目標であったダイオキシン類対策特別措置法が成立すると、農林水産省と三井化学とで立場の違いが浮き彫りになります。９月に、三井化学のＫ氏が謝罪のため中西氏を訪問して次のように話したとのことです。

今までのご迷惑を社として、深くお詫びします。今までの三井東圧化学のダーティな部分は洗い直し、きれいになります。新しい社長の中西宏幸（三井石油化学出身＝三井東圧化学は１９９７年に三井石油化学と合併して「三井化学」になっていた）は、ともかくクリーンで、何が何でもクリーンでなければならないと言っております。現在、鋭意分析に努力をしているのですが、７月に発表した値より高い値も検出されており、それも含めて、データが出次第、データの説明を含めて中西社長が謝罪にうかがいますので、なにとぞ今までのことはご容赦いただきたい。中西先生（※横浜国立大学教授・中西準子氏のこと）が、疑問を出しておられる経年変化についても、きちんとご説明させていただきます（中西氏の

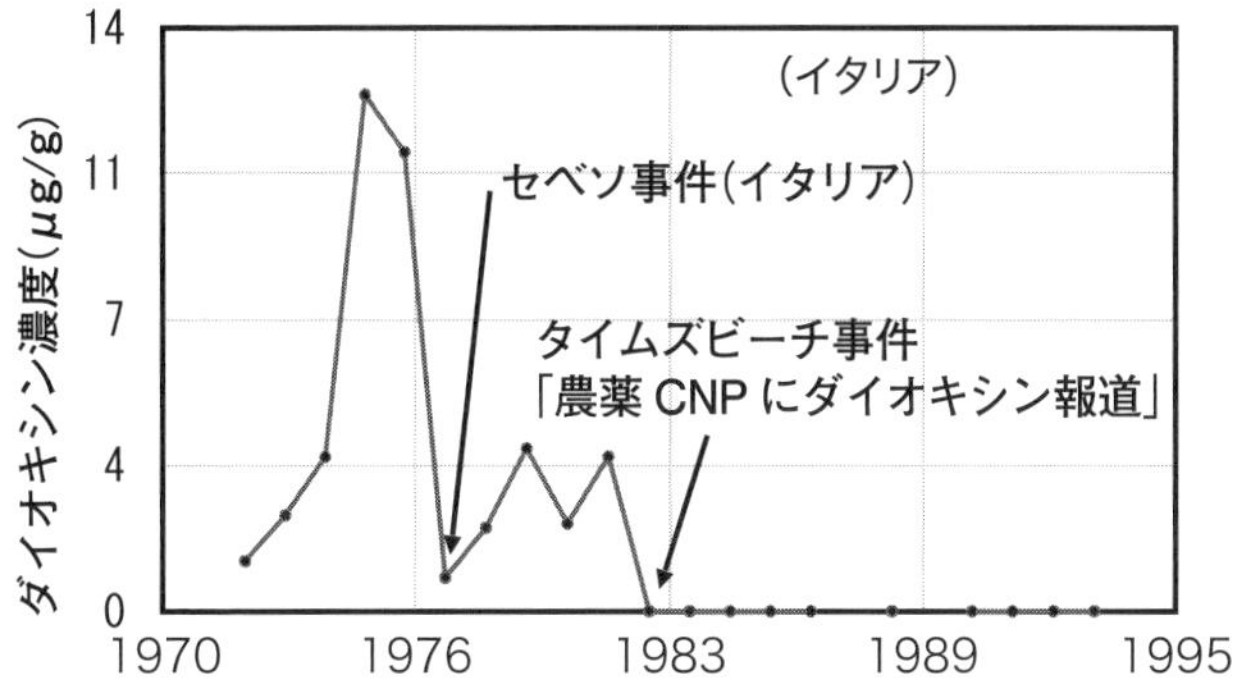


CNP中のダイオキシン類濃度の経年変化
（横浜国立大学と農林水産省のデータによる）

WEBサイト・2002年4月22日）。

中西氏はその説明を待っていましたが、何の説明もないまま、2002年4月12日、農林水産省は記者会見を開き、農林水産省が独自に分析した水田除草剤CNP検体33試料についての調査結果を公表しました。さらに同日、三井化学も独自に調査した自社製CNPの分析結果をWEBサイト上で公開。中西氏はその分析結果について、次のように述べています。

（※中西氏らの分析結果と農水省の分析結果とは試料が違うにもかかわらず、驚くほどの一致である。（中略）それに引き替え、三井化学が1999年7月に発表した値はまったく違う。よく見ると、低い値は我々の結果とも、農林水産省の結果とも一致している。しかし、三井化学の発表データには高い値がまったくない。いったいこれは何だ？

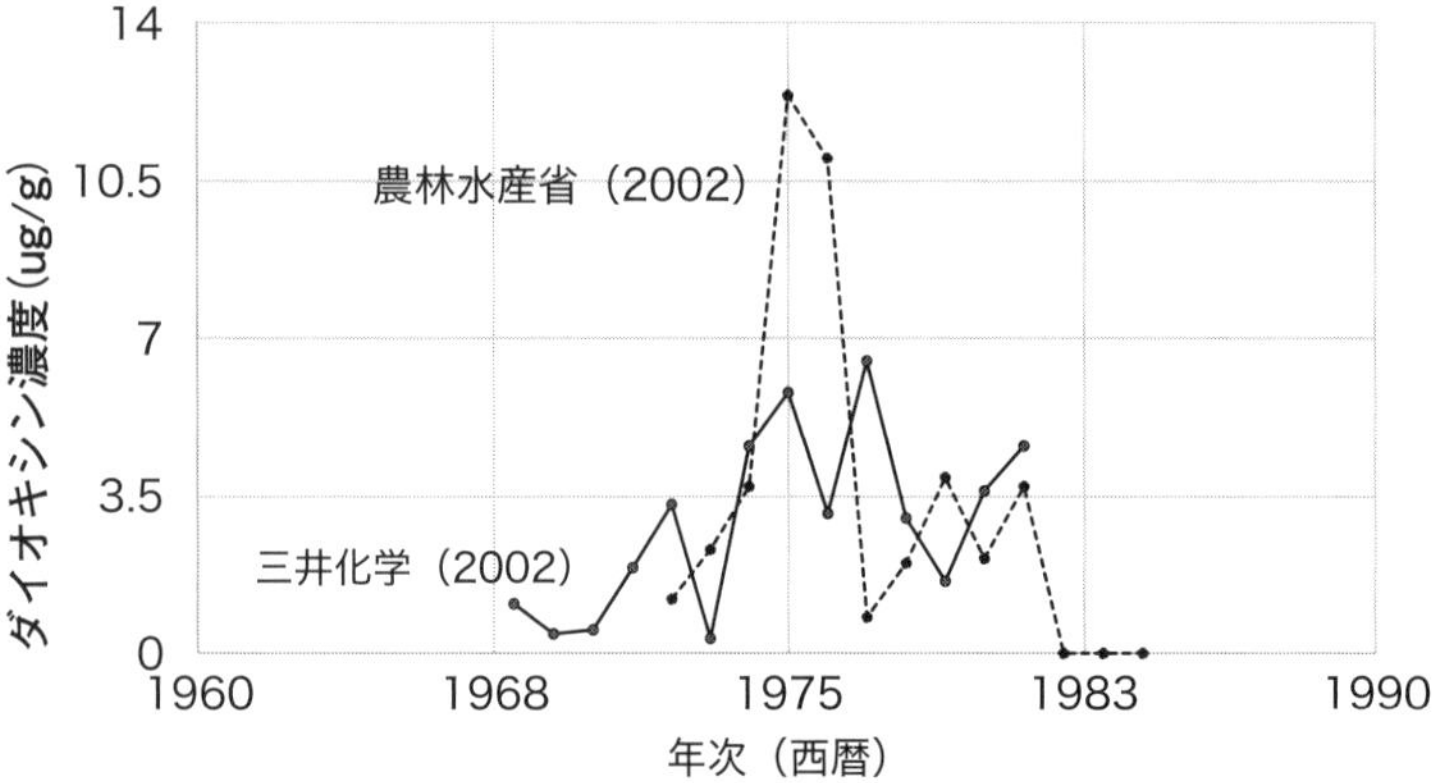

農薬CNP中のダイオキシン類の経年変化

つまり、かねて三井化学が主張していた「ロットごとに除草剤中のダイオキシン濃度は違う」は大差なく、ダイオキシン濃度の低い除草剤では中西氏・農林水産省・三井化学三者間にも大差がない。しかし、より誤差が少ないと考えられる高濃度ダイオキシンの除草剤では三井化学だけ低い数値になっているのは三井化学による意図的な情報操作の疑いがあると中西氏は告発しているのです。

さらに中西氏は次のように指摘しています。

---

再度言いたい。１９９９年7月に記者会見までして、三井化学が発表したデータはどういう性質のものか？　また、もしそれが間違いがあったとして、訂正値を今に至るまで、発表しなかったのは、なぜか？（※厳密には、今も発表していない）。それを、三井化学は説明する義務がある。そうでないと、うそのデータを出しているということと同じことになる。（中略）１９７０年代後半における（ダイオキシン濃度の）急激な減少が、農林水産省と横浜国立大学のデータには見られるが、三井化学のデータからは読めない。１９７５〜１９７６年頃に、知っていたか否かは、企業責任問題の最重要ポイントである（中西氏のＷＥＢサイト・２００２年4月15日）。

---

中西氏が最重要ポイントだと指摘した「１９７６年」は、北イタリアの小さな町セベソで、枯葉剤の原料にもなる２４５ＴＣＰを生産していた工場の爆発事故があり、大量のダイオキシンが工場周辺に飛散した「セベソ事件」が起きた年です。この事故では、周辺住民がダイオキシンの放出を

知らされずに大量のダイオキシンを浴びたあげく、長期間疎開を強いられるという福島原発事故と同様の問題があり、今でも世界の三大ダイオキシン汚染事件のひとつに数えられています。この事件をきっかけにダイオキシン問題が世界的関心事となり、ニュージーランドのイワンワトキンス・ダウ社を除く多くの枯葉剤工場が閉鎖しています。

三井化学が中西氏を告訴するとまで言い出した原因が、中西氏の「ダイオキシンを知っていて減らした」との指摘にあることを三井化学自身が公表データで証明してくれたようなものです。一方、農林水産省にとっては、ダイオキシン類対策特別措置法が成立するまで、中西氏に黙っていてもらえれば、それで良かったようです。中西氏の指摘は、楢崎弥之助氏の「枯葉剤国産化疑惑」問題の追及に匹敵する、「ダイオキシン濃度を調節していた国産枯葉剤」という重大なタブーだったのです。

さて、三井東圧化学が人体実験を行なった動機ではないかと考えた三西化学工業の裁判の件ですが、結果は最高裁まで争われましたが、原告住民側の敗訴で確定しています。

【第一審　福岡地裁】↓　１９７３年12月……（判決）１９９１年９月
【控訴審　福岡高裁】↓　１９９１年９月……（判決）１９９６年９月
【上告審　最高裁】↓　１９９７年１月……（判決）１９９９年２月

この農薬工場と最高裁まで戦った原告団のひとり清川正三子氏の手記が残されています。

工場ができてから、夫・浩は肝臓を患い、黄疸となり半年以上も寝たきりになり、転地療養のため実家の八女に行きました。私も農薬工場が「東南アジア向けの薬品」を作っていた同時期に大出血が起こり、もう死ぬかと思いました。また、たくさんの住民が癌で死にました。防毒マスクを着用していなければ構内に滞在できないほどひどい工場で、荒木（旧・福岡県荒木町）の住民は毎日恐怖でいっぱいでした。

昭和37（1962）年12月に荒木の住民健診に訪れた熊本大学医学部教授の野村茂氏は、当時のあまりのひどさを振り返りながら「こんな所には僕はとても住めない。人の住む所じゃない、と思った」と、35年も経って私たちに話されました。集団検診は3回も4回も行なわれ、そのたびに住民被害は認められました。ＰＣＰやＣＮＰによる環境汚染もわかっていながら、（野村氏は）健康被害との因果関係は不明と言い、裁判官も、水質汚染については素掘りピットを改修後の1000分の1に減少した数値にすり換えて、それくらいの汚染は一生飲み続けても大丈夫と、平然と棄却の理由にしているのです。

国策なら裁判で勝てるはずもありませんが、人体実験が行なわれたり、最高裁判決の直前にＰＣＰやＣＮＰのダイオキシン汚染の推定量が中西氏・益永氏の研究によって示されたりと、農林水産省や企業を大いにあわてさせたようにもみえます。ところが、清川正三子氏は最高裁で敗訴確定の直後、弁護士の信じられない行動を目撃しています。弁護士は、すぐ後ろにいた清川氏に気づかず、電話で「先生、うまくいきました」と誰かに報告していたというのです。弁護士が「先生」と呼ぶ相手が誰だったのかはわかりませんが、弁護士が敗訴を「うまくいった」と言うことはこの農薬被害裁判そのものがペテンだったと考えられます。

すると、中西氏らの研究（日本のダイオキシン汚染の主因はゴミ焼却炉ではなく、１９６０年代に散布した農薬由来）を多くのマスコミが取り上げなかったのも、ゴミ焼却炉ビジネスを促進したい産業界への忖度であって、農薬裁判とは無関係だったと推測されます。マスコミの忖度だと思われる事例があります。「読売新聞」が１９９９年7月10日に写真入りで、親会社の三井化学が回収した約５７００トンのＣＮＰ剤のうち、約２４００トンを同社大牟田工場内で野積みしていると報じていますが、問題はその報道のタイミングです。このＣＮＰも中西氏らがダイオキシン汚染の有力候補に挙げた除草剤のひとつで、報道はダイオキシン類対策特別措置法の法案が衆議院環境委員会で可決、事実上成立した翌日でした。スポンサーへの配慮がにじむ報道のタイミングと言えそうです。

三井東圧化学が工場廃水を流していた大牟田川の川底から環境基準値の39万倍ものダイオキシン濃度の油滴が染み出していることも確認されていますが、このニュースも、「ダイオキシン＝ゴミ焼却炉」という刷り込みを打ち破るものとはなりませんでした。

そもそも、ダイオキシン特措法案自体、１９９９年7月6日に参議院で受理され、7日には可決。

8日に衆議院環境委員会に付託され、その翌日には可決されていますので、実質国会で何も審議されていないのです。

# 第7章　化学兵器・ダイオキシン

この章では、枯葉剤メーカーがダイオキシンを発見して、コントロールするまでに至る歴史を振り返ります。旧来の化学兵器の難点は毒物を扱うことによる製造時のリスクの高さです。枯葉剤ではそのリスク（ダイオキシン）を減らしつつ、戦場では最大限の効果をあげる、そのアイデアが検証され実用化されました。その過程で行なわれた人体実験は、三井東圧化学が行なった人体実験とよく似ていました。

## ２４５Ｔ工場で大事故続発

さて、三井化学がなぜ枯葉剤中のダイオキシン濃度を減らすことになったのか、その背景を探っていきます。枯葉作戦の隠れた目的が枯葉剤に不純物として含まれるダイオキシンの散布にあるとしたら、ダイオキシンを減らしてしまっては化学兵器としての価値が下がってしまいそうです。なぜ敢えてそのような手法をとったのでしょうか。ここからは枯葉剤２４５Ｔが化学兵器と認識されるまでの歴史を振り返って、ダイオキシンを減らそうとした真の意味を推理します。

米軍が枯葉剤２４５Ｔ中の不純物を化学兵器になり得ると考えるようになったのは、１９５２年のことです。もっとも、まだその当時はその不純物がダイオキシンだと特定できてはいませんでした。米軍が注目することとなったのは米国の巨大化学企業、モンサント社で起きた除草剤２４５Ｔ工場での事故がきっかけでした。

モンサント社は１９４０年代からウェストバージニア州ニトロの工場で２４５Ｔの生産を開始したところ、操業当初から従業員の間に湿疹、原因不明の痛み、虚弱、イライラ、神経質、性欲減退などを伴った症状が頻繁に現れます。

モンサント社はそのことを隠したまま操業を続けていましたが、１９４９年には爆発事故が発生、９００人近い被害者が出ました。身体異常を引き起こした副生成物がダイオキシンと判明したのは１９５７年ですが、米軍化学部隊は副生成物が特定される前から、この副生成物が化学兵器になり得るとして関心を持つようになりました。『セントルイス・ジャーナリズム・

**245T工場の事故**

| 年次 | 企業名（国） | 被災者数(人) |
|---|---|---|
| 1949 | モンサント（米国） | 884 |
| 1952 | ベーリンガー（西ドイツ） | 60 |
| 1953 | ＢＡＳＦ（西ドイツ） | 247 |
| 1956 | ダイヤモンド・アルカリ（米国） | 73 |
|  | フッカー・ケミカル（米国） |  |
|  | ローヌ・プーラン（フランス） | 17 |
| 1963 | フィリップ（オランダ） | 141 |
| 1964 | ダウ・ケミカル（米国） | 2,192 |
| 1966 | スポラナ（チェコスロバキア） |  |
| 1967 | 三井化学（日本） | 35 |
| 1969 | コアライト（英国） | 79 |
| 1976 | イクメサ（イタリア）<br>※「セベソ事件」のこと | (A) 735<br>(B) 4,699 |

(A)は汚染が最も ひどかったエリア　(B)は次にひどかったエリア

レビュー』誌が米国情報公開法に基づき要求して入手した文書によると、除草剤の副生物に関するモンサント社と米軍化学部隊との交信記録や報告書は６００ページにも及び、１９５２年までさかのぼることが明らかになっています。

ダイオキシン関連の事故は除草剤ＰＣＰ、２４５Ｔ工場で頻発していました。被災者が多い主な事故を列挙すると１５５ページの表のとおりです。

１９７６年のイタリアの事故は「セベソ事件」と呼ばれ、日本の「カネミ油症事件」（１９６８年）、「台湾油症事件」（１９７９年）と並ぶ大規模ダイオキシン汚染事件のひとつです。また、１９６４年のダウ・ケミカル社の事故はこれに次ぐ大事故でした。

米軍化学部隊がダイオキシンの化学兵器利用の可能性について気がついたと考えられる１９５２年は、旧・西ドイツで事故が起きています。１９５２年、西ドイツのベーリンガー社では、２４５Ｔ工場で体の異常を訴える労働者が次々と現れたため工場を停止し、ハンブルク大学の医療センター皮膚科の医師シュルツ氏や同社の科学者ゾルゲ氏らに原因究明を委託しました。その結果、原因物質は２４５ＴＣＰの製造工程で副生成したダイオキシンであることが判明したのです。ベーリンガー社は２４５ＴＣＰの合成温度を下げるなどのプロセスの改良と工場の手直しを行ない、１９５７年に操業を再開しました。このとき、シュルツ氏はこのことを雑誌に投稿しましたが、ゾルゲ氏は会社から発表することを止められました。そして、当時の西ドイツ政府もダイオキシンの危険性を知りつつ、何の警告も発しなかったので、シュルツが発表した1ページにも満たない速報論文は多くの人の注意を引くにいたりませんでした。

ベーリンガー社の研究結果発表禁止措置といい、西ドイツ政府の不作為といい、ダイオキシンに着目した米軍化学部隊の指示があったものと推測されます。モンサント社はこれらの事実を米軍化学部隊との情報交換のなかで当然知り得たことでしょう。その上で、高濃度のダイオキシンを含む除草剤２４５Ｔを米軍に売り込んだと考えられます。

一方、モンサント社と並ぶ大手枯葉剤メーカーであるダウ・ケミカル社は、モンサント社とは異なる販売戦略を立てていました。製品中から極力ダイオキシンを減らした除草剤２４５Ｔを供給しようとしたのです。そのため、後にベトナム帰還兵とその家族が起こした、いわゆる枯葉剤訴訟で、モンサント社はダウ・ケミカル社よりも枯葉剤の供給割合は少なかったにもかかわらず、被告企業のなかで最も重い和解金支払いを命じられています。

三井東圧化学が「除草剤（枯葉剤）中のダイオキシンの存在を知っていて減らした」と横浜国立大学教授の中西準子氏は指摘しましたが、そのオリジナルアイデアはダウ・ケミカル社のものでした。ダウ・ケミカル社は自社の枯葉剤からダイオキシンを減らしつつ、世界中に枯葉剤供給ネットワークを構築し、米軍に最も多くの枯葉剤を供給していました。ダイオキシンの化学兵器への応用を視野に入れていた米軍は、なぜダイオキシンを減らした枯葉剤を受け入れたのでしょうか？

## ダイオキシンを減らせ

１９６５年3月24日、米国ミシガン州ミッドランドにあるダウ・ケミカル本社に呼ばれたのは、ベトナム戦争中枯葉剤を供給し、後に枯葉剤訴訟でともに訴えられる在米化学企業のフッカー・ケミカル社、ダイヤモンド・アルカリ社、ヘラクレスパウダー社の研究者たちでした。

この日の議題は「ダイオキシンが人間の健康に与える影響について」でした。この当時、ダイオキシンについては西ドイツの研究で２４５Ｔに不純物として含まれていることはわかっていましたが、公表することを抑えられていたため、化学者でもなんとなく知っている程度でした。しかし、ダウ・ケミカル社ではミッドランド工場の２４５Ｔ製造現場で事故があり、多くの従業員が被災したばかりだったため関心が高かったのです。ダウ・ケミカル社の研究者はこの会議で除草剤２４５Ｔからダイオキシンを減らすことの重要性を説いたのです（ＴＩＭＥ・１９８３年5月２日）。

ダウ・ケミカル社は１９４８年から２４５Ｔを生産・販売していましたが、ベトナムの枯葉作戦による需要増に対応するために、１９６３年に原料を従来のフェノールからベンゼンに変更した新工場を建設。事故は操業間もないこの工場で起きました。原料の変更でダイオキシンのなかでも最も毒性の高い２３７８四塩化ダイオキシンの濃度が急上昇したことが原因でした。ダウ・ケミカル社は工場を停止し、ベーリンガー社からライセンスの提供を受け、５００万ドルの費用をかけてプロセスを改良、１９６６年に製造を再開しました。その結果ダイオキシン濃度は平均１８１８ｐｐｍから０・５ｐｐｍにまで激減したのです。ダウ・ケミカル本社での秘密会議はその間の出来事でした。当時ダイオキシン分析技術が未熟なため数値化できず、薬剤をウサギの耳に塗布してそのかぶれ具合からダイオキシン濃度を推定していたために２２８２匹のウサギが使われました。

ベーリンガー社はその後、ベトナム向けに２４５Ｔを生産していたイワンワトキンス・ダウ社（ニュージーランド）に原料である２４５ＴＣＰなどを輸出。そしてベトナムでの枯葉作戦の本格化に伴って需要が急増すると、旺盛な需要に応えるため、ベーリンガー社ではダイオキシン濃度が高くなることを承知で反応温度を上げ、反応時間を短縮して生産性を上げたことを認めています。ダウ・ケミカル社にとっても米軍にとっても、実際に製品中のダイオキシン濃度が減っているかどうかは重要ではなかったのです。

同業者にダイオキシンを低減せよとアドバイスしたこの秘密会議は、一見ダウ・ケミカル社の気前のよい善意のジェスチャーに見えますが、秘密会議の参加者のメモによるとダウ・ケミカル社の目的は他のところにあったとみられていたようです。ヘラクレスパウダー社からの参加者は次のように書いています。「彼ら（ダウ・ケミカル社）は、特に農薬製造に関する議会による調査と過度の法規制を恐れている」と。ダイオキシン濃度が高いために工場従業員に皮膚炎などの障害が出ると、法規制を受けやすく、枯葉剤ビジネスの支障になるとでも言っているようです。

さらに、ダウ・ケミカル社の行為が善意に基づくものでないことを示す事件が続きました。秘密会議に続く１９６５年から１９６６年にかけて、ダウ・ケミカル社がペンシルベニア州のホルムズバーグ刑務所の囚人70人に対し、ダイオキシンを皮膚に塗って人体毒性を確認するための「人体実験」を行ないました。「ウサギの耳実験」を人間で試したのでしょう。１９７３年に行なわれた三井東圧化学の人体実験もこれに倣ったものと考えられます。ダウ・ケミカル社は皮膚症状だけがみられたと述べていますが、このときの人体実験の診断記録はその後「紛失」とされていて、実験の詳細もその結果も不明です。その後の被験者の救済要請も米環境保護庁は無視しました。

米環境保護庁はなぜ無視したのでしょうか？　それは米国では政府と民間企業の間での人事交流が盛んで、大手化学企業の社員が米環境保護庁の主要ポストに就いているケースがよくあることと無関係ではないでしょう。その後、米国の研究機関が、２４５Ｔに強い催奇形性があり、その原因がダイオキシンであることを確認。米軍はそれらの情報を得た上で、枯葉作戦を他の薬剤から２４５Ｔ中心に切り替え、１９６７年春に米国内の生産能力をはるかに超える膨大な量の２４５Ｔを発注したのです。

## ナパーム弾と併用

一連の動きはダイオキシン低減化を確認できたから、２４５Ｔが米軍に採用されたようにもみえます。ところがその陰では、どうやったら敵に大量のダイオキシンを浴びせかけることができるかという研究が進められていました。

工場での被災を最小限に抑えつつ、敵には最大限のダイオキシンによるダメージを与える――この矛盾した要請を解決するアイデアの検証実験が２４５Ｔ大量発注の前に行なわれていました。

それは枯葉剤とナパーム弾（焼夷弾）を組み合わせて使用するというアイデアでした。ナパーム弾は、火災を起こさせるのが目的の火炎兵器です。ガソリンに数種類の化学物質を混合してゼリー状にし、それを砲弾に充填したものです。

ダウ・ケミカル社は、ベーリンガー社から除草剤中のダイオキシンを減らすには反応温度を下げることが有効であることを学びました。そこからダウ・ケミカル社は逆に、枯葉剤を加熱すれば大量のダイオキシンを発生させることができる、と発想を転換したのです。ダイオキシンの少ない枯葉剤を作り、現地でナパーム弾と併用すれば、生産工場での従業員のダイオキシンによる被災を減らす一方で、戦場では敵に大量のダイオキシンを浴びせることができる。しかも散布するときは「除草剤」で、対人兵器ではありませんから、化学兵器ではないと主張できます。

さっそく米軍で、このアイデアの確認実験が計画され、「ピンクの薔薇プロジェクト」と命名されたのは秘密会議から半年後、1965年9月のことでした。1966年3月11日には15機のB52が枯葉剤のまかれたベトナムのジャングルにナパーム弾を投下しましたが、ジャングルを焼き尽くすという面では不十分な効果しか上げられませんでした。それでも「ピンクの薔薇プロジェクト」は継続されました。

1966年11月にはベトナムのジャングルに3つの攻撃目標エリアが設定されました。それぞれのエリアは一辺7キロメートルの正方形で、それぞれ25万5000ガロンの枯葉剤が散布され、ナパーム弾はエリアごとに落とされました。1967年1月18日と28日、最後が4月4日でした。公開されたメモによると、「命令と実際の攻撃日は並列で行なわれていた地上作戦の経過にあわせて変動した」となっていて、米軍や南ベトナム軍の地上部隊が枯葉剤散布地域で行動していたことになります。これはダイオキシンを自国兵に浴びせる「人体実験」になっていないでしょうか。

さらに、メモには「ピンクの薔薇プロジェクトは、ジャングルを焼き尽くすには効果がない。よって、南ベトナムにおいて従来の目的に沿ったプロジェクトは終了する」と書かれていて、ジャングルを焼き払うというプロジェクトの（表向きの）目的は達成できなかったと結論づけられていました。ところが、1967年4月、楢崎氏が国会で指摘したように、「ピンクの薔薇プロジェクト」が終わったと同時の1967年4月、米誌『ビジネス・ウィーク』が「米軍が米国内での生産能力の4倍にもあたる大量の245Tを発注した」ことを伝えています。これはプロジェクトの成功、つまり、隠れた本来の目的（敵に大量のダイオキシンを浴びせかける）が達成されたことを意味します。

また、「人体実験」に利用された自国兵の中に、ダイオキシンによると思われる発症が確認されました。

米国防総省は、ベトナム戦争に米軍が直接関与するようになった1965年3月からナパーム弾を投入したことを認めています。月末には、米軍はベトコン（南ベトナム解放民族戦線）の拠点を7500ヘクタールにわたってナパーム弾とガソリンで焼き払い、「焦熱地獄」としました。その凄まじさを親米の地元紙は「バーベキュー作戦」と形容しています。

消失面積も東京大空襲（1945年3月10日）の約2倍にあたります。また、1965年4月、サイゴン市（現・ホーチミン市）の南220キロメートルにあるウミンの森が米軍機16機で長さ50キロメートル、幅6キロメートルにわたって焼き払われました。このときのナパーム弾は大気に触れると発火する「インセンディゲル」（白リン弾）が使われました。

第3部

# 枯葉剤の応用と終焉

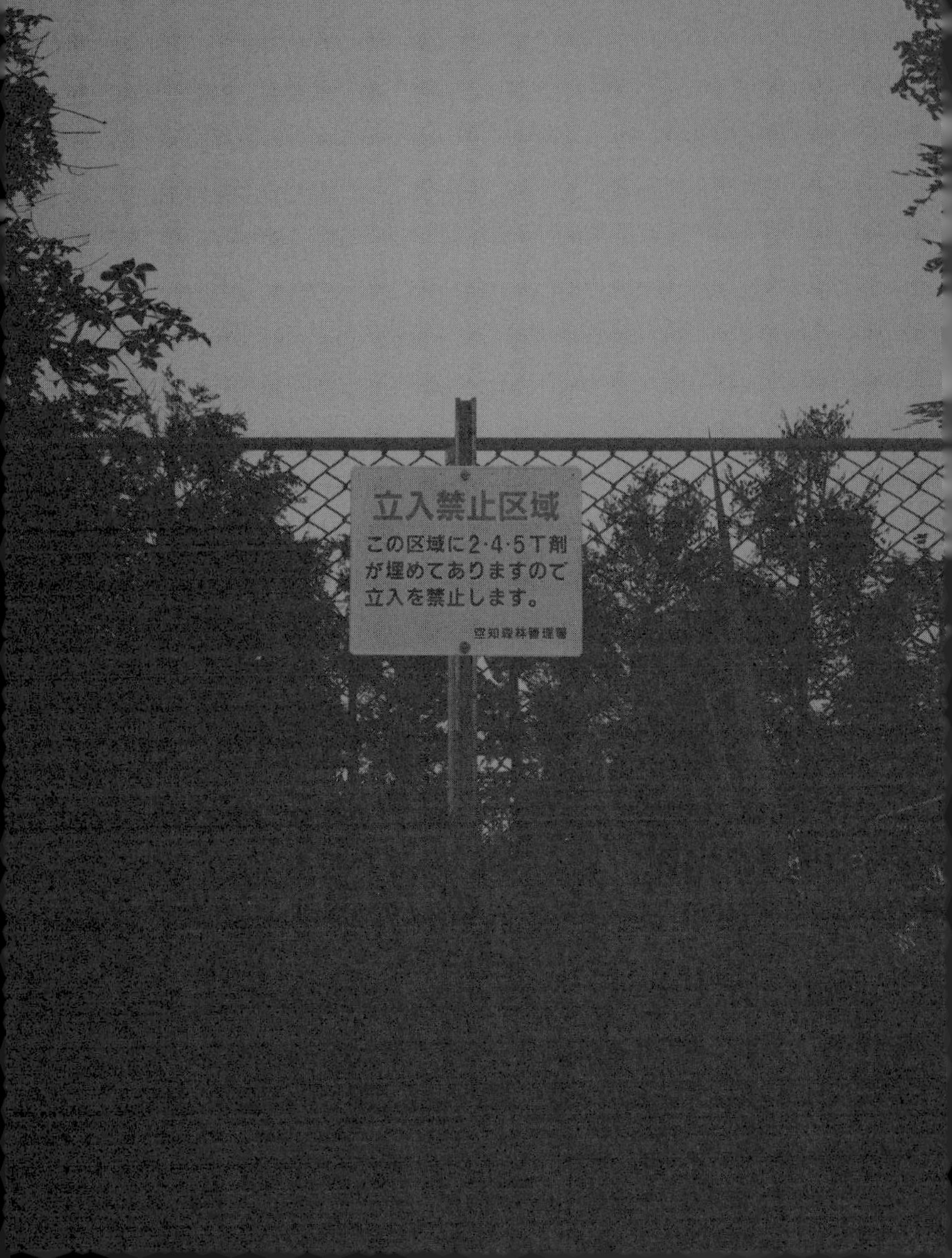
立入禁止区域
この区域に2・4・5T剤
が埋めてありますので
立入を禁止します。

# 第8章　ナパーム弾も日本製

## ナパーム弾でもひともうけ

１９６３年11月22日、米国テキサス州のダラスでケネディ大統領が暗殺されました。その頃、米軍はまだベトナム戦争に本格介入していませんでしたが、南ベトナムでのナパーム弾投下は日常茶飯事になっていました。

そんな状況だったこともあり、ダウ・ケミカル社が「枯葉剤＋ナパーム弾でダイオキシン」のアイデアを思いつくのは当然だったかもしれません。米国防総省は１９６５年7月、ナパーム弾製造の落札企業を決定。これは、ダウ・ケミカル本社で開かれた「枯葉剤からダイオキシンを減らす」秘密会議直後のことで、枯葉剤とともにナパーム弾の供給体制確立が急がれていたものと思われます。なお、このときの「ナパーム弾」は１９６４年に、フロリダのエグリン空軍基地の科学者が開発した「ナパームＢ」でした。太平洋戦争で使われた従来品に比べ燃焼温度が高く、点火の安定性も向上していました。成分と割合はダウ・ケミカル社他16社が製造していたポリスチレン（発泡スチロールと同じ成分）が50%、ガソリンとベンゼンが各25%という構成でした。ダウ・ケミカル社も１万１３００トンのナパーム弾を５００万ドルで供給する契約を獲得しています。

　ナパーム弾の材料の混合器を製造していたユナイテッド・テクノロジーセンター社もこのとき、材料を砲弾に詰めたナパーム弾の完成品４万５０００トンを受注。サンフランシスコ郊外レッドウッドシティ（サンフランシスコ湾に面した港湾都市）に土地を借りてナパーム弾の新工場建設を計画しました。ところが、１９６６年３月、業界誌「ケミカル・アンド・エンジニアリング・ニュース」が、ユナイテッド・テクノロジーセンター社のナパーム弾の落札情報を報道。同社が借りる予定であった土地の一部が市有地であったことから、反対派は同社と土地貸借契約の承認を決める会議に乗り込んで「レッドウッドシティが燃えながら死んでいく人々を造り出す場所として知られるようになっていいのか？」と訴えました。しかし、少人数だった反対派は警察によって簡単に排除され、同社への土地貸与が決定しました。

　反対派は市に土地の貸与中止を求める請願運動を起こしました。

米カリフォルニア州サンフランシスコ市周辺の地図

市の条例では、有権者の10％の署名が集まれば住民投票を行なうこととなっていて、市民が初めて投票箱でベトナム戦争に対する意思表示ができる機会となるはずでした。そして、実際、署名は20％近く集まりました。米空軍は、「もしそうなれば（市有地の貸与取り消し）他の都市で製造するほかはあるまい」と、ナパーム弾についても枯葉剤同様に海外発注の可能性を匂わせるコメントをしています。

ところが、これは企業から市への脅しだったのかもしれません。仕事が外へ逃げてもいいのか？と。市は市有地の貸与の可否は住民投票の対象外として、請願書の受け取りを拒否。反対派は提訴しましたが、1966年5月、この裁判を担当したコーン判事は訴えを棄却。そのとき、コーン判事は「私は米国がベトナム戦争を継続すべきかどうかについて、審理するつもりも、裁定を下すつもりもない。米軍のナパーム弾使用についても同様だ」と述べたのです。この発言が世間の反発を買い、まだ小さな点に過ぎなかった「反ナパーム弾」と反戦運動が結びつく火付け役になったとのことです。

地元の雑誌『ランパート』が1967年1月にこのトラブルを、ナパーム弾で焼かれたベトナムの市民、特に子どもたちの写真付きで特集しました。ナパーム製造の是非について一石を投じたというわけです。ところが、全国誌である『レディース・ホーム・ジャーナル』と『レッド・ブック』という女性誌2誌もナパーム弾に関する特集記事を掲載したことで、初めて一般大衆がナパーム弾の残虐性に注目することとなりました。それを最も敏感に感じ取ったのは徴兵の対象だった若者で、その矛先が、米軍へのナパーム弾の納入量（1966年に5万5000トンを納入）が圧倒的に多かったダウ・ケミカル社に向かったのは必然でした。

1967年10月18日、ウィスコンシン大学マディソン校で、ダウ・ケミカル社の幹部が採用面接を再開したところに、抗議の学生が殺到。1000人を超すデモ隊や野次馬が集まったことから、大学当局が警察に出動を要請。それがさらに騒動に拍車をかける結果となり、群衆の数は5000人へ膨張。米国の大学キャンパスで初めて催涙弾が投入されるという大混乱に陥りました。この大衝突の模様が全米のテレビで流され、新聞各紙の一面を飾りました。このとき、ダウ・ケミカル社とナパーム弾の関係を論じた新聞記事や論説は2000を超えたとのことでした。その後も全米各地の多数の大学で「反ナパーム弾」の抗議集会が持たれ、反対運動の炎は全米に拡がることとなりました。

ダウ・ケミカル社の経営陣は平静を装い、「悪影響はない。求人活動の縮小、変更は考えていない」と発表しましたが、翌週のハーバード大学（ナパーム弾が発明された大学）での対立はさらに激しいものになっていました。事前に用意されたリーフレットには「ダウのような暴利をむさぼる武器商人が、いやしくも抑圧と殺人のために化学を売ることが、化学を専攻する学生のためになるだろうか？」と問いかけ、デモに参加した学生は「大量虐殺に加担する企業はハーバードに来る権利はない」と主張していたといいます。

それに対し、ダウ・ケミカル社の社員向け指針書には次のように書かれています。

米国はベトナム（戦争）に関わっている。われわれも会社としてそのことに関わる限り、民主的な世界の実現に向けた国を挙げての取り組みに対する責任を果たしていると信ずる。この事業を行なっているのは、わが国の長期的目標が正しいと信じているからである。当社は政府に必要とされる限り、ナパーム弾およびその他の兵器の製造を続けていくことを決定する。

その一方で、ダウ・ケミカル社では、ナパーム弾反対運動が自社の脅威になることを恐れていました。1966年12月の内部メモにはこうあります。

第一次世界大戦の後、デュポンに貼られた「死の商人」というレッテルを、今度はベトナム戦争終結後にわが社に貼られるなど、考えただけでもゾッとする。われわれが真剣に取り組まない限り、そうした事態は十分起こり得る。

枯葉剤の海外発注には、生産能力を超える需要への対応という側面以外にも、このような「死の商人」というレッテル回避という思惑もあったのでしょうか。それは枯葉剤に限ったことではなかったようです。

## 防衛庁長官・中曽根康弘氏の脂汗

枯葉剤とナパーム弾（焼夷弾）を組み合わせて、ベトナム人に大量のダイオキシンを浴びせかけるという悪魔的なアイデアも、日本の協力なしにはなし得なかったといえます。ナパーム弾の9割が日本製であると北ベトナム労働党機関紙「ニャンザン」が非難しています。

「朝日新聞」1965年6月25日夕刊では、「日韓会談調印によって、佐藤内閣は軍事的、経済的負担を日本に分担させようという米国の夢を実現させ、北東アジアの侵略的軍事ブロック設立への道を開いた」という論説を掲げ、さらに次のように述べています。

日本の支配層が現在ベトナムで行なっている犯罪的行為は米国の共犯者としての彼らの性格を暴露している。朝鮮戦争のときと同じく、彼らは米国が日本をベトナム侵略の補給基地として使うのを許している。米軍が南ベトナムで投下したナパーム弾の92％は日本製であり、このほか日本は米国に対して毒ガスや有毒な化学製品を供給しているほか、佐藤政権は南ベトナムへの軍事物資輸送のための人員を米国に提供している。

1967年に北ベトナムの首都・ハノイを訪問した日本社会党の衆議院議員・楢崎弥之助氏もホー・チ・ミン国家主席から「ベトナムに投下されている大量破壊兵器の代表はボール爆弾（クラスター爆弾）とナパーム弾であり、そのナパーム弾は日本製である」と聞かされます。楢崎氏はまさかと思いましたが、調べたところ、その事実が見つかったのです。

1966年3月、防衛庁（現・防衛省）防衛局長・海原治氏は国会で「ナパーム弾は持っていない」と答弁していました。１９７１年２月23日にも、楢崎氏が「焼き尽くし、殺し尽くし、破壊し尽くす（中略）いわゆるボール爆弾、ナパーム弾、それに２４５Ｔなどの枯葉剤、こういうものをまさか（自衛隊は）お持ちになっておらぬでしょうな？」と質問したところ、防衛庁装備局長の蒲谷友芳氏は何を血迷ったか（楢崎氏談）「ナパーム弾は持っておりません」とそれだけをはっきりと答弁したのです。

枯葉剤とボール爆弾は持っていると白状しているようなものですが、４日後の２月27日には防衛庁長官・中曽根康弘氏は楢崎氏からナパーム弾に関する追及を受け、ついに自衛隊がナパーム弾も持っていることを白状させられてしまいます。そのときの様子が１９８７年４月22日、衆議院本会議で楢崎氏の口から語られています。

**楢崎弥之助氏**　私は、昭和46（１９７１）年２月27日の予算委員会においてこの問題を取り上げた。時の防衛庁長官は中曽根康弘総理であります。最初こう質問をした。まさか、燃やし尽くす、破壊し尽くす、そういうナパーム弾を日本の自衛隊が持っておることはないでしょうねとまず聞いた。そうしたら、そういう事実はありません。あの方は、ご承知のとおり、背が高くて手を大きく振って歩かれる方です。最初の答弁のときには、ありません、持っているわけがありませんと、大きく手を振って答弁席に来られた。だけれども、私は本当に持っていませんかと念を押した。そうしたら、防衛庁の役人が走っていって何か耳打ちしておった。また中曽根防衛庁長官は手を上げて、「訂正をいたします、6発使用しました」。最初は持っていないと言ったのに、6発使用しました。本当に6発だけですかと言ったら、また防衛庁長官に役人が走っていって何か耳打ちした。中曾根さんは手を上げて、委員長、そのときの委員長は亡くなられた中野四郎さんです。「訂正します、6回使用しました」。6発が6回になった。そうして、その6回は展示演習のためにやって、弾は50発使った。6発が50発になった。もう訂正しないでしょうねと言った。そうしたところが、顔面蒼白になった。

そして、汗がたらたら出てきた。2月27日ですから真冬ですよ。真冬に汗が出るというのは脂汗でしょう。ガマの脂じゃあるまいし、脂汗です。そして、具合が悪くなって、中野委員長が、(中曽根)長官は具合が悪いようだから医務室へやりたい、いいかと言われたから、それは人道問題だからいいですと言った。

そして、その次出てきたのは何です。(防衛庁)官房長が何と言った。結局6000発ナパーム弾を持っています。最初持たぬと言ったのが、6発、50発、6000発、そのうちの4000発は米国に返し、2000発、今自衛隊は持っております。議事録を見なさい、うそだと思うなら議事録を。そして、ついに中曽根さんは医務室に運ばれたのですよ。自分でうそを言ったから、そうなったんだ。

## 戦場で突き付けられた日本製ナパーム弾

中曽根康弘氏がここまで追い詰められた背景には日本社会党軍事プロジェクトチームの存在がありました。楢崎氏らが防衛施設庁の国会図書館分室（現・国立国会図書館支部防衛省図書館）を訪問し、30部くらいの資料を選定、翌日借用申請すると、書棚からそれらの資料が消えていました。係官が上司に報告した結果の措置と思われ、楢崎氏らがその非をなじると、係官は上司の指図だと告白したのです。ナパーム弾に関する資料も前日はあったのに、消えていましたが、すでに楢崎氏らが資料番号と主題を書き留めていたので、防衛庁も資料開示に応じざるを得なかったのです。

そして、防衛庁はその2日後に以下のことを認めました。

---

ナパーム弾は1957から1959年にわたって約6000発分の材料を防衛庁が無償で米軍から供与され、1966年7月から翌年8月までに計6回、陸上自衛隊の者「等」に見学させるために青森県の天ヶ森演習場（旧日本海軍の射爆撃場を戦後、米軍が接収し1952年4月に開設。1969年より空自と共同利用）で約50発展示演習を行なった。演習の目的は「敵が日本に上陸してから使うことがあった場合、応戦用に使う可能性を残しておく必要がある。決して外国への侵略用ではない」（1971年3月1日・衆議院予算委員会第3分科会）。

---

楢崎氏は言います。「専守防衛を旨としたはずの自衛隊がいったい何のためにこの殺人兵器を保有しているのか。どこで使うために保有、その訓練をしているのか。専守防衛であれば有事の際の戦場は日本本土であるはず。ナパーム弾を使わなければならない場合の日本で、日本国民はどう

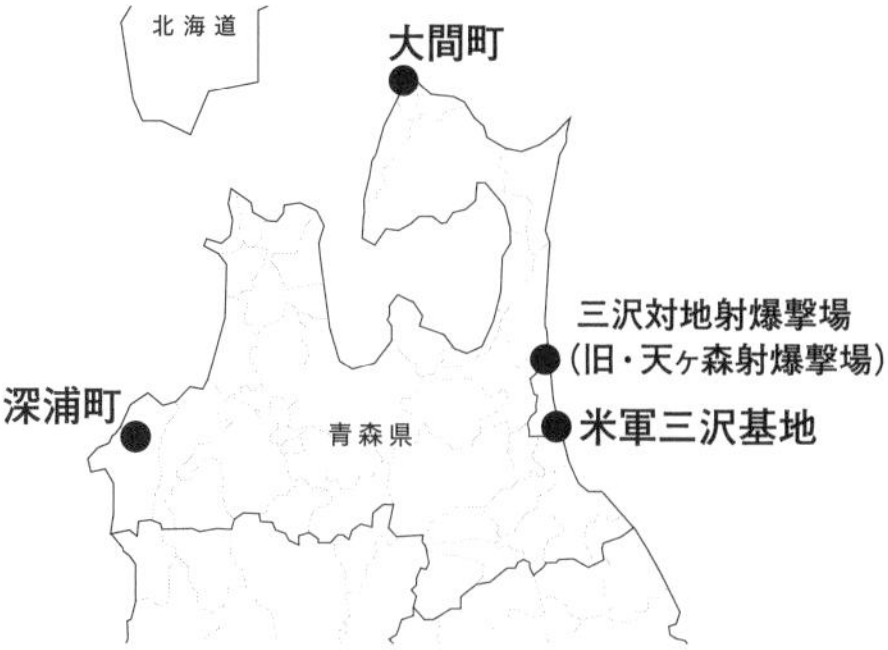


なっているのであろうか」と。

当時の佐藤栄作首相も「敵が使うかもしれない兵器の性能調査に保有している」と助け舟を出していますが、楢崎氏は「その理屈でいけば核兵器だって持てるじゃないか」と反論。たまらず中野委員長が速記を止めさせているため、この後の議論は不明ですが、これらの演習目的はいかにも無理があります。当時の天ヶ森射爆撃場は米軍の専用射爆撃場だったのですから、自衛隊が勝手に使うわけにはいきません。展示演習では、米国製のナパーム弾の威力を日本のメーカーに見せて参考にさせたり、日本製の試作品の性能を米軍関係者に確認してもらったりしていたと考える方が自然でしょう。防衛施設庁長官・島田豊氏は「1952年6月の日米合同委員会で、天ヶ森射爆撃場での使用火器は機銃弾、ロケット弾、ナパーム弾および模擬爆弾と決められ、ナパーム弾は、1962年の9月から1969年の5月まで、だいたい年間5回程度、展示演習という形で使用した」と認めました。

佐藤栄作首相は1965年の訪米の際、マクナマラ国防長官に「日本が核兵器を持たないことは確固不動の政策だが、防衛産業育成の問題があり、差し支えないものは日本で作りたい」と伝えています。

佐藤栄作首相にとって、枯葉剤もナパーム弾も防衛産業育成の一環だったというわけです。なお、外務省が作成した内部資料「わが国の外交政策大綱」（外務省・1969年9月25日作成、2010年11月29日公開）には、「当面核兵器は保有しない政策はとるが、核兵器製造の経済的・技術的ポテンシャル（能力）は常に保持する」とあり、核兵器開発も否定したわけではありません。

それにしても、日本版枯葉作戦において、245Tの出荷量が多い県は三井東圧化学の工場があった福岡、熊本、宮崎の各県です。ナパーム弾は、演習地があった青森県も多いのです。自衛隊のナパーム弾展示演習の時期が「ピンクの薔薇プロジェクト」と重なっているのも単なる偶然でしょうか。青森県でも「日本版ピンクの薔薇プロジェクト」が行なわていたのではないかとの疑念は残ります。

供与された約6000発のうち約4000発分は米軍に返却、2000発分は自衛隊高蔵寺弾薬庫（愛知県）にて保管されていて、地元からの撤去要請にも応じていません。

このとき楢崎氏はナパーム弾の国産メーカーはあるかと質していますが、通産大臣・宮澤喜一氏、防衛庁長官・中曽根康弘氏、防衛庁装備局長・蒲谷友芳氏はそろって、国産化は否定せず、知らぬ存ぜぬを繰り返したため、企業名までは明らかになりませんでした。ナパームBの主要素材はポリスチレンです。ポリスチレンは1957年1月にモンサント化成（三菱化成工業とモンサント社の合弁会社・三重県四日市）が国内で初めて、その後間もなく、旭ダウ（旭化成工業とダウ・ケミカル社の合弁会社・神奈川県川崎）が工業化していますので、ナパームBの国産化は十分可能でした。

1967年6月には「毎日新聞」の従軍記者が南ベトナム解放民族戦線（ベトコン）と遭遇、身柄を拘束されるという事件があり、そのとき日本製のナパーム弾を見せられています（以下要約）。

小隊長は「日本には米国から金をもらってベトナムにおける米国の戦争を支持する者がいると聞くが……」と言った。記者は質問の意味がわからず面食らった。桃の木の下にはナパーム弾の残骸がかき集められていた。その後解放されることが決まり、ベトコン兵士と談笑していると「このナパーム弾は日本製とありますよ」と言われ、背筋が冷たくなるのを感じた。そして、小隊長の質問の意図を理解した。解放された帰途、ナパーム弾の話が頭にこびりついていた。日本製のナパーム弾と彼らが信じているものが彼らの頭上に落ち、彼らも含めたベトナムの人たちの田畑を焼いている。ベトナム戦争に関して口先の「政治的中立」という曖昧な立場がこれからも許されるだろうか？　日本に対する評価は日本製のナパーム弾が降っていると彼らが信じている以上、いつまでも不変と考えるわけにもいくまい。（毎日新聞・1967年6月27日夕刊の記事を要約）

「枯葉剤245T＋ナパーム弾（加熱）↓ダイオキシンの発生」を確認する実験が1966～67年の「ピンクの薔薇プロジェクト」でした。その結果が成功との評価ならば、ダイオキシンを発生させることができるものは枯葉剤245Tに限らないのではないか？という発想が生まれてもおかしくありません。それを確認した「人体実験」ともいえる事件が1968年に西日本一帯で発生しています。PCBが混入した食用油（ライスオイル）を多くの人が長期にわたって食べてしまったという化学性食中毒事件で、その摂取による独特の症状は「油症」と呼ばれ、事件は加害企業の名を加えて「カネミ油症事件」と呼ばれています。

# 第9章　カネミ油症事件

事件は、偶発的だったとしても化学兵器としてのPCBの可能性を確かめるにはあまりにも絶妙のタイミングで起きました。

## 世界最大の食品公害

問題のライスオイルを生産していたのはカネミ倉庫（福岡県北九州市）という会社です。なぜ倉庫会社がライスオイルを？　と思われる方も多いでしょう。カネミ倉庫の前身は陸軍に白米を納めていた加藤精米所という御用商人でした。

日清・日露戦争で、陸軍は多数の兵士を脚気で失いました。一方、海軍では脚気はほとんど出ていません。陸軍では、水に濡れると発芽し、腐敗しやすい玄米を携行できなかったという理由もあって、兵糧は白米中心でした。原因は、この時代には未知だった栄養素「ビタミン」の不足でした。精米の過程でビタミンは米ぬかに移ってしまっていたのです。そのため、米ぬかからビタミンを回収することは、カネミ精米所とっては悲願だったのです。そして、それを実現したのが問題のライスオイル事業でした。

同社では米ぬかから油脂分を抽出してライスオイルを生産していましたが、その最終工程の脱臭塔（減圧下で加熱して悪臭成分を取り除く装置）で１９６８年１月末に事故が発生しました。修繕工事をした際、溶接ミスがあり、熱媒体のＰＣＢラインに穴を開けてしまったことが事件の発端でした。さらに、工事完了後に不具合がないかを確かめる予備試験をしなかったため、穴の存在に気づかないまま製造を再開するというミスが重なり、ＰＣＢが大量に製品に混入してしまったのです（これを「工作ミス説」と呼ぶ）。２月に同社が臨時にＰＣＢを２８０キログラム追加購入した記録があることから、少なくともこの時点で会社は大量のＰＣＢが流出したことに気づいていました。

工場では脱臭塔に残った事故油を製品ラインから分離して保管（脱臭塔からあふれた油は「ダーク油」へ）していたのですが、「いつの間にか何者かによって」（おそらく、製造部長を兼務していた加藤三之輔社長の指示で）生産ラインに戻され、修繕された脱臭塔で何度か再加熱した後に出荷して多くの被害者を出してしまいました。脱臭工程でＰＣＢも取り除けると考えたのかもしれませんが、沸点の高いＰＣＢは加熱で除去することは難しいだけでなく、逆に加熱によりさらに毒性の高いダイオキシンを副生させる結果となり、被害を深刻化させる原因となりました。

この事件は「ピンクの薔薇プロジェクト」とホルムズバーグ刑務所での人体実験を合わせたような構成になっているのは偶然なのかもしれませんが、その後は意図的に事件発覚が遅れるように仕組まれているフシがあるのです。

事件が明らかになった発端は、九州大学病院の待合室で、同じ症状だと気づいた患者同士が原因について話し合ったことでした。患者自身が調べた結果、一斗缶のライスオイ

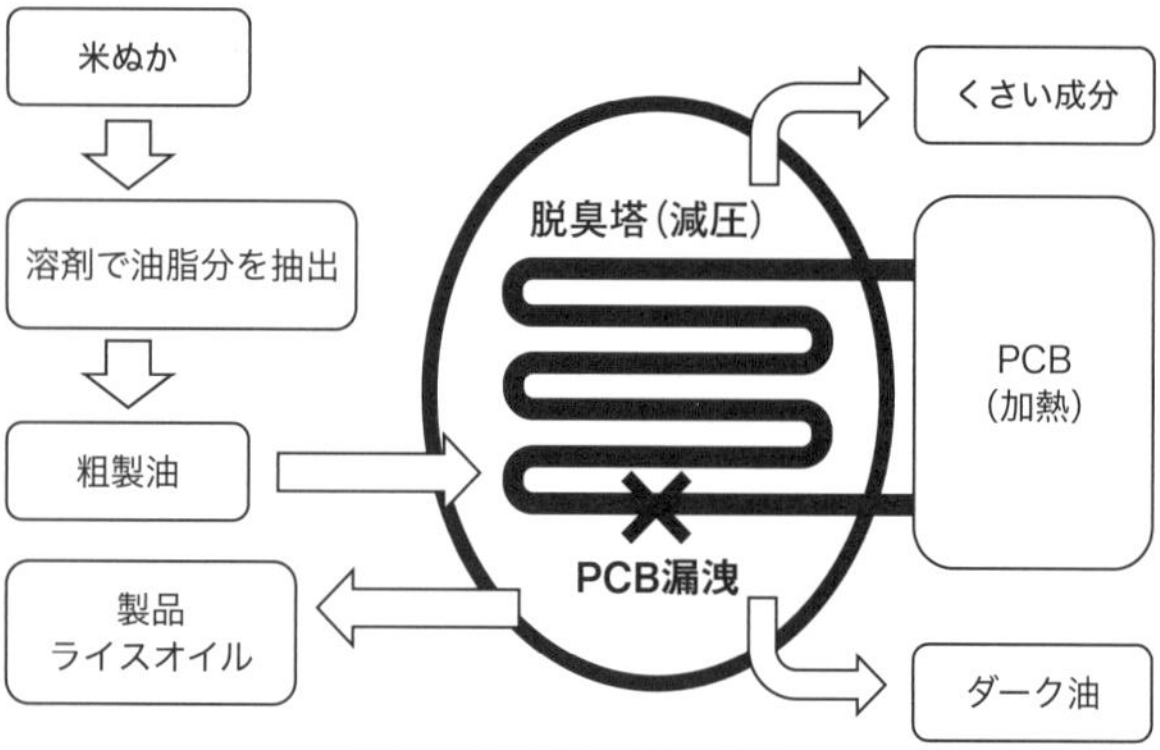


ライスオイルの製造工程

ルを分けあった知人がみな同じ症状に苦しんでいたことから確証を得たのでした。残っていたライスオイルが福岡県大牟田市保健所に持ち込まれ、保健所は福岡県衛生部に通報。朝日新聞記者がこの話を聞きつけて取材を始め、奇病をスクープしました。食中毒に気づいた医者が保健所に届けて事件が発覚したわけではなかったのです。

事件が報道されると西日本一帯から1万4000人を超える被害者が名乗り出ましたが、水俣病と同じく国の認定制度が設けられ約1割の人だけが油症患者と認定されました。皮膚症状だけで判定されたため、同じ食事を摂っていた家族でも認定されたり、されなかったりと、被害者を混乱させる診断基準の矛盾は当初から指摘されていました。北九州市の小倉駅前の銀行では、近くの食堂を社員食堂代わりに利用していましたが、その食堂で汚染油が使われていたというケースも。そこではほとんどの行員が汚染油を食べた認識がなく、届け出ることすらなかったそうです。

そもそも、この事件は「世界最大の食品公害」などと形容されますが、本質は食品に毒物が混入していた食中毒事件で、「公害」ではありませんから、厚生省（現・厚生労働省）が「認定制度」を持ち込み、診断基準を患者に押し付けたことに法的根拠はありません。食品衛生法に症状による被害者のふるい分けという概念はありません。国の認定制度とは被害者救済ではなく、事件を矮小化する手段となりました。なぜこのようなことになったのでしょうか？ 水俣病事件の認定制度に関わっていた熊本大学医学部教授・勝木司馬之助氏が敢えて油症研究班長に選任されたことと無縁ではないでしょう。厚生省は余計な認定制度を持ち込んで混乱を助長しただけです。また、油症研究班の中心となった九州大学の医師たちは食中毒事件の処理（被害者数の確定、原因食品の回収、報告書の作成など）をまったくしませんでした。カネミ油症事件は数々の食品衛生法違反から拡大した特徴を持っています。

水俣病も食品衛生法を適用しなかったがために、被害が拡大するのを放置する結果になりましたが、カネミ油症事件でも同じことが繰り返されたのです。「(世界最大の）食品公害」という表現は世間をミスリードするのに有効だったといえそうです。

ところで、１９６８年1月のＰＣＢ混入事故発生から同年10月の「奇病発生」報道までの間、行政が事故発生に気づく機会がなかったわけではありません。予兆は早くからあったのです。事故発生の翌2月から3月にかけて、カネミ倉庫の脱臭工程でできる副産物（ダーク油）を配合した飼料で、ニワトリの大量死事件（約２００万羽に被害）が南九州で発生しています（ダーク油事件）。

問題の配合飼料に共通する原料をたどることで、カネミ倉庫のダーク油が汚染源であることはすぐに突き止められました。しかし、監督官庁である福岡肥飼料検査所の担当者は、カネミの工場を査察した際に「製品（ライスオイル）は大丈夫か？」と聞いたものの、加藤三之輔社長から「問題ない」と言われると、製品をチェックすることなく査察を終えてしまったのです。この時点で製品の回収を命じていれば被害は最小限で済んだことでしょう。

「ダーク油事件」が見過ごされた3月頃から西日本各地で体の吹き出物や手足の痛み、しびれなどさまざまな症状を訴える人が続出しました。九州大学大病院などでは同様の症状の患者が多数診察を受けていて、食中毒に気づいていたにもかかわらず、病院側は保健所への届出を怠るなど、医師としての適切な対応をしませんでした。医師は奇病には研究対象として興味があったが、被害の拡大防止には関心がなかったと考える患者もいます。

カネミ民事訴訟で原告証人として出廷した、国立予防衛生研究所の主任研究官（当時）俣野景典は「ニワトリが大量死したダーク油事件の発生を知り、人にも被害が出る恐れがあると思い、厚生省にすぐ調査すべきだと指摘したが、無視された」と証言しています。俣野氏は１９６８年８月、農林省の調査資料を知人を通じて入手。食用油（ライスオイル）の方も当然危険だと考え、農林省流通飼料課にダーク油サンプルの提供を依頼しましたが、「廃棄した」との回答しか得られませんでした。そこで、厚生省に相談しましたが、厚生省食品衛生課課長補佐から「人に被害が出た後でないと調査できない」との回答だったとのこと。

ここでも、農林省も厚生省も被害拡大防止に努める意思はみじんも感じられません。政府を挙げて意図的に被害拡大を容認、放置しているように感じられます。

## 原因物質の特定

さて、事故原因の特定でも九州大学は後塵を拝しています。先陣を切ったのは、ＢＨＣの検出で名を挙げることになる高知県衛生研究所の主任研究員・上田雅彦氏。１９６８年10月22日、「２月

10日製造のライスオイルから有機塩素化合物を検出」と発表したのです。その後、九州大学でも高濃度の有機塩素化合物を検出、三西化学工業周辺住民の検診を担当した経験を持つ久留米大学教授の山口氏の「ヒ素説」は否定されました。28日頃、北九州市保険衛生部がカネミ倉庫の脱臭工程で有機塩素化合物の「カネクロール」（ＰＣＢ、鐘淵化学工業の商品名）が使われているとの情報をつかんで、ようやく原因物質がＰＣＢと特定されました。

原因が特定された頃の話だと思われますが、２０１７年（「油症事件発生から50年」の前年）、茨城県在住のＡ氏から次のような情報をいただきました。

---

当時、北海道工業試験所に勤めていた祖父は、カネミ油症事件の油は安全だというデータを出せと上司に言われた。それを断ったら、ポストを奪われ、窓際に追いやられた。給料も下がったのだろう。その頃、受験生だった父は祖父から唐突に「東京の大学への進学は我慢してくれ」と言われたとのこと。数年前、父から「カネミ油症事件を知っているか？」と聞かれた。新聞の読者欄に投稿して、こんなことがあったという事実を世間に知らせておくべきか……と父が語った。

このエピソードを初めて聞いたときは、九州の事件になぜ北海道の公的機関が関わろうとしていたのか疑問でした。しかしその後、カネミ油症事件の原因物質を最初に突き止めたのが九州大学ではなくて、高知県衛生研究所だったことがわかって納得しました。

地方機関の発見を地方機関に否定させることで水俣病事件と同じく、事件をかく乱して原因究明を遅らせる意図があったものと思われます。

捏造研究を強要されたのは東京都立大学助手時代の中村方子氏だけではなかったようです。

原因物質が特定されると、次に製品への混入ルートの解明が課題となりましたが、ここでも、厚生省は疑惑の行動をとります。汚染油の出荷日が2月上旬に集中していることが早々に判明していましたが、カネミ倉庫に査察に入った北九州市保険衛生局も、1月末に脱臭塔で修繕工事をしていた記録が同社の操業日誌にあることを発見しました。脱臭工程で起きた異変が事件の原因に深く関わっているのではないかと、早くも事件の核心に迫っています。のちに裁判で採用され、被害者側逆転敗訴につながる「工作ミス説」はこのときすでに発見されていたのです。

カネミ倉庫社長・加藤三之輔氏の姉で、同社の非常勤取締役でもある加藤八千代氏は、事件発覚の翌月（11月21日）、三之輔社長の知人から「お姉さん（加藤八千代氏）は知っていますか？　本当は事故があって、カネクロール（ＰＣＢの商品名）が油に混じったそうですね。それをもう一度脱臭してみたら臭いもなく、天ぷらを揚げてみたらなんともなかったので出荷したそうですよ。カネミのぬか集めの運転手でその天ぷらを食べた人もいたとか」と聞かされます。彼女はすぐに森本工場長に確認しましたが否定されました。その後「事件のことを話すな」と社内にかん口令が出たことを知ります。

「工作ミス説」を門前払いにしたのは厚生省でした。11月5日の夜、会議の席上、北九州市保険衛生局長が「脱臭塔以後でのＰＣＢ混入の可能性」を述べましたが、九州大学鑑定班はそれを否定した上で「脱臭塔での不注意によるＰＣＢの混入」を厚生省に報告しました。すると、厚生省は「不注意による混入説のほかに、さらに詳しく広い範囲で原因を調べるように」と指示、事実上「工作ミス説」を拒否しました。

この頃、加藤八千代氏も森本工場長から「警察は工事ミスによる混入、ないし、意図的投入を疑っている」との情報を得ています。警察も当初は工作ミス説を支持していたとみられます。しかし、厚生省は別の原因を求めていたかのようです。

## 「ピンホール説」の登場

間もなく、九州大学工学部教授の篠原久氏がカネミ倉庫の脱臭タンクのＰＣＢラインからわずかな気泡が出ることを発見します。ＰＣＢの経年劣化で発生した塩酸がステンレスパイプの配管を腐食させ、できた微小な穴からＰＣＢが漏れたと推測されました。これを「ピンホール説」と呼びますが、そもそも、その穴から短期間に２００キログラムものＰＣＢが漏洩可能か検証されていない、さらに、この説ではライスオイルの汚染が2月上旬出荷分の短期間に集中しているという状況を説明できない（ステンレスパイプの穴が開いたり塞がったりしたことになる）にもかかわらず、厚生省油症対策本部は11月25日に「ピンホール説」を事故原因として承認しました。こうして、「工作ミス説」は検討されることなく、この小さな穴からＰＣＢが漏洩したという「ピンホール説」だけが事故原因とされてしまったのです。それをいちばん喜んだのはカネミ倉庫の加藤社長でした。工作ミス説なら、ＰＣＢ汚染を知りつつライスオイルを販売した「犯罪」ですが、「ピンホール説」ならＰＣＢの混入を知らなかった「過失」で免責される可能性が出てきます。加藤社長はさっそく知人の技術士に鑑定を依頼しましたが、「ピンホールでは空気は通り抜けても粘性の高いＰＣＢは通過できない」「事件はピンホールからのＰＣＢ漏れではあり得ない」との結論に、がっかりしてしまいます。依頼された技術士の手記が雑誌「月刊油脂」の１９８０年9月号に掲載されています。

---

１９６８年12月25日、加藤社長に依頼されて、問題の6号脱臭缶の中に入った。問題の「ピンホール」部は白墨で丸く囲まれていた。いわゆる「ピンホール」なるものは、縫い針の先も入らない、ほとんど塞がった、極々微細なキズというか、ヒビのようなものだった。カネクロール（ＰＣＢ）を研究室で少量分けてもらい、常温での粘度と、脱臭温度での粘度の程度を、それぞれビーカーを振って確かめた。文献を見せてもらい、水との粘度比較も確認した。

その上で、この種のキズから大量のカネクロールが出ることはないと確信したので、種々の

### 考察も加えて所見を書いた。

一方、ピンホールを見つけた九州大学教授・篠原久氏自身は自説をどのように考えていたのでしょうか。当時九州大学の学生で篠原氏の講義を受けていたというB氏（北九州市近郊に在住）が、「油症事件50年」の記念行事に参加された際、当時の興味深い話を披露されました。B氏は、篠原氏の講義の冒頭、「ピンホール説」を報じた新聞を掲げて、「先生！　お手柄ですね」と声をかけたと言います。B氏は講義が篠原氏の自慢話で終わることを内心期待していましたが、予想外の展開に。篠原氏は、事故原因を調べる鑑定班長を押し付けられたこと、ピンホールをPCB混入の原因としたことは不本意だったことを浮かぬ顔で語っていたのが今でも記憶に残っていると語りました。「ピンホール説」は捏造された疑いが濃厚です。そこへ、厚生省も福岡県警察も便乗しました。「権威ある九州大学教授の鑑定」としてあっさり承認したのです。ここには、科学の視点はなく、ただ権威主義があるだけです。さらには、被害者団体の弁護団までもが別の動機でこの「ピンホール説」に飛びついたことがその後の裁判を複雑にしてしまうのです。

事故に気づいていた福岡肥飼料検査所の担当者も九州大学病院の医師も適切な行動をとることはありませんでした。それによって被害の規模が甚大となったため、民事裁判では事故原因の究明よりも、その損害補償を誰に負担させるかが焦点となり、その点で原告被害者と被告・カネミ倉庫の利害が一致するという奇妙な情況が生まれました。大企業であるPCBメーカー・鐘淵化学工業に責任を負わせるため、パイプのピンホールからＰＣＢが漏洩していたことにカネミ倉庫は気づかなかったという「ピンホール説」の方が弁護団には都合が良かったのです。もちろん、九州大学教授の鑑定という権威をまったく疑わなかったということもあるでしょう。そして被害の責任は有害物質を製造した鐘淵化学工業にあるとする「製造物責任」という概念を争点に据えたのでした。特定期間の製品だけにＰＣＢが大量に混入（微量のＰＣＢは恒常的に混入）していることが分析の結果わかっていましたので、事故原因を「ピンホール説」だけで説明するのは最初から無理があったにもかかわらず、です。

## 食品衛生法を適用せず

刑事裁判でもおかしなことが起こります。カネミ倉庫社長・加藤三之輔氏は食品衛生法違反（ＰＣＢの混入）ではなく、業務上過失傷害の罪（脱臭塔の点検、毒物の管理が不十分）に問われたのです。食品衛生法違反に問われなかったことで「ピンホール説」は加藤社長に有利に働きます。加藤社長はＰＣＢの混入を知らなかった、会社は事件と無関係と初公判から一貫して無罪を主張し続けました。その結果、森本工場長は有罪となりましたが、加藤社長には無罪が言い渡され、４月に確定します。「工作ミス説」が消滅していなければ加藤社長の無罪判決も、民事裁判の取り下げという結末もあり得なかったはずです。

民事裁判では原告被害者側の勝訴が続きますが、問題の脱臭塔を鑑定した技術士・神力達夫氏は福岡訴訟（1977年10月5日判決）、小倉第一陣訴訟（1978年3月10日判決）がともに、「ピンホール説」を最も有力な原因と認定したことを知り、裁判が公正ではないことに心を痛めていたといいます。

ところが、加藤社長の無罪が確定した後、流れが大きく変わります。福岡訴訟控訴審で鐘淵化学工業は、「PCBの混入は九州大学鑑定書のいうピンホールからではなく、溶接ミスが原因であり、事件はPCB汚染油を再生処理して出荷したために起きた」とする意見書を提出しました。同社は意見書の根拠として裁判の証拠資料を再精査、その上で「カネミ倉庫は諸データを巧妙に改ざんし、関係者は口裏を合わせて、この事故を隠してきた」と主張しました。事件発覚当初、厚生省が門前払いにした「工作ミス説」が、加藤社長が無罪確定となったここでようやく表に出てきたのです。それに対し、カネミ倉庫総務部長は「事実無根だ」と反論。福岡県警察捜査一課特捜班長・杉本道雄氏（飯塚警察署署長兼務）は「あらゆる角度から原因究明にあたった。「ピンホール説」以外考えられない」と言い、九州大学鑑定班・徳永洋一教授（鉄鋼冶金学）も「ピンホール説がいちばん自然に因果関係を説明できるというのが鑑定班の結論」とのコメントを出しています。被害者弁護団もこのような専門家のコメントに後押しされてか自信満々で、弁護団長の吉野高幸氏は「事件発覚から10年以上も過ぎてから言い始められたことから、「工作ミス説」は作り話だというのが、弁護団の結論で、反論の柱でした」と考えていました。九州大学も福岡県警察も白々しいコメントで、被害者弁護団だけが騙されていたようにも聞こえます。

## 見捨てられた被害者

控訴審でカネミ倉庫の元社員が「脱臭塔で温度計の差し込み穴を拡げる作業中に誤ってPCBラインに穴を開けてしまい、250キログラム以上のPCBがライスオイルに混入した」と鐘淵化学工業の意見書を追認する証言をしました。さらに加藤社長の姉・加藤八千代氏が社内情報をもとに「私が抱いた数々の疑問」を雑誌「月刊油脂」誌上で展開したことなどから、控訴審では一転「工作ミス説」が採用されると、それまで弁護団が組み立てたシナリオが瓦解。PCBの混入を知っていてライスオイルを販売したカネミ倉庫の責任は明らかになりました。しかし、刑事裁判での加藤社長の無罪はすでに確定してしまっていました。1986年5月の第二陣二審では、鐘淵化学工業と国（農林省）の責任が否定されるに至って、一審で両者が支払った「仮払い金」の返還請求問題が発生。追い詰められた被害者弁護団は提訴を取り下げることを「仮払い金」の返還免除の交渉材料に利用して、民事裁判そのものが消滅してしまったのです。鐘淵化学工業は企業イメージへの影響を考慮して、「仮払い金」の請求権を放棄しましたが、農林省は仮払い金の「10年間の支払い免除」に応じただけで請求権は放棄しませんでした。弁護団はそのことを正直に被害者に説明せず、あたかも「仮払い金」の返還請求はなくなったかのような誤解を与える説明をして、裁判の取り下げを被害者代表に認めさせたのでした。その結果、カネミ油症事件は被害が矮小化されただけでなく、事件そのものがなかったこととされ、「カネミ油症事件」は教科書からも消えました。しかし、被害者の体に残されたPCBとダイオキシンが消えたわけではありません。親は被害者であることを明かせないまま、毒物だけが子や孫に引き継がれるケースが多いと推測されます。裁判が取り下げられてから10年後、そんな被害者に対し農林水産省は仮払い金の返還請求という牙を向けてきました。参議院環境委員会（2001年3月27日）には次のようなやり取りが記録されています。

**農林水産省生産局畜産部長・永村武美氏**　その後原告から訴えが取り下げられまして、国がこれに同意をしたということから、裁判については昭和62（1987）年にすでに終結をしておるところでございます。こうした裁判の結果にかんがみまして、カネミ油症問題については農林水産省の法的な責任はない、かように考えております。

**衆議院議員・清水澄子氏（社会民主党）**　そうでしょうか？　法的責任がないというそのことだけで、そういうすべての責任が解消されると思われますか？　この事件というのは、結局、ご存じのように、1968年にニワトリが200万羽発症して、40万羽が死んだわけです。ダーク油事件というのが起きたわけですが、これと同じような事件がもうすでにアメリカなどでもあって、これらの問題について農林水産省は知っていたはずなんです。ここで農水省がきちんとした行動を起こして、そして厚生省に食品衛生法上の問題として通知をしていればこういう被害は起きなかった。これが一審の判決の指摘であったと思うわけです。

ところが、農水省は、厚生省の国立予防衛生研究所の申し出があったんですね、ダーク油の提供を、検査したいから（提出して）欲しいと。それを拒否したわけでしょう。ですから、そういう形においても、やはり被害を予見する可能性があったにもかかわらず農林水産省はそれをやらなかったという行政責任というのは、明らかです。それはもう絶対に私は消すことができない（と思う）。

そのことについてなんら、原告が裁判を和解という形で取り下げたので何にも法的なものはありませんということで、今度は督促状で自殺に追い込むほどそういう仮払い金を取り立てるというのが農水省の変わらぬ姿勢なんですか。そこにはなんら人間としての良心的な政策を、何かそこで解決したいという考えはありませんか。

永村武美氏は、食用油については職務権限がない、ダーク油事件から食用油の危険性を予見するのは困難、の2点を挙げて、農林水産省に責任はなく、よって、被害者救済は考えていないことを明言した上で、仮払い金の返還請求は債権管理法に則った行為であると、正当性を主張しています。

カネミ油症五島市の会の事務局長・宿輪敏子氏は「罪もない患者を救いもしないで、仮払い金を返せと迫る国に憤りを感じる」と言います。ところが、国もカネミ油症被害者救済に動いたことがあるのです。しかし、その動きはなぜか止められていました。

「カネミ油症事件は終わっていない。長崎・ダイオキシン食中毒の実相」（ＮＨＫ教育テレビ「ＥＴＶ特集」２００７年4月15日放送）に次のエピソードが紹介されています。

1973年3月の衆議院予算委員会で、厚生大臣・齋藤邦吉氏は「カネミ油症被害者にも、公害なみの救済策を特別立法で制度化する」と明言。向こう1年で実現すると打ち出していました。制度の中身については厚生省（現・厚生労働省）環境衛生局長の浦田純一氏が説明しています。「患者認定の方法、医療費の支出の方法、生活困窮者に対する救済措置、それらを公害被害者の救済法に準じて、それよりも落ちないように考えていく」。この答弁の4カ月後、浦田氏は厚生省を定年退職していますが、油症被害者の救済は軌道に乗せたと考えていました。ところが、いつの間にか救済制度は消えていたのです。NHKの取材に対して厚生労働省は文書で次のように回答しています。

「食品事故に関する被害者救済制度については昭和48（1973）年に『食品事故による健康被害者の救済制度に関する研究会』を設置し、検討されたが、最終的には制度の創設には至らなかったと承知している。なお、昭和48年の国会での発言の趣旨、背景については不明であるが、司法上は旧厚生省の責任について、5件の訴訟すべてで否定されている」

---

浦田氏の退職後、厚生省は国会での約束を反故にしていたのです。「昭和48年の国会での発言の趣旨、背景については不明」と回答していますが、不明なのは被害者を救済しないと決めた経緯と理由の方です。

厚生労働省は「裁判に勝ったのだから、旧厚生省には責任はない」との立場のようですが、浦田氏は反論します。

浦田氏は「司法と行政は違う。裁判の勝ち負けとは別に国には国民を守る義務がある。行政が道筋をつけ、政治家が国会で約束したことを破るなんてことはあってはならない。これは不作為だ」と憤りました。ここには「被害者を見捨てる」と決めた誰かの明確な意思が働いたように感じられます。

## ダイオキシンの研究禁止

事故原因（ＰＣＢの混入ルート）について、厚生省の不可解な介入をみてきましたが、次に原因物質（ダイオキシン）の特定でも厚生省の介入（どう喝）があったことを示します。

ＰＣＢ中毒はＰＣＢを扱う工場労働者によくみられる現象でしたが、油症患者の症状は工場労働者よりはるかに重篤でした。工場労働者ではＰＣＢとの接触を断てば比較的早期に症状が改善するのに、油症患者にはそれがみられないのです。そのためＰＣＢ以外にも中毒物質があるのではないかと考えられていました。

ＰＣＢにダイオキシンが含まれていることがわかったのは１９７０年で、１９７３年頃になるとＰＣＢ測定法が確立し、カネミの事故油にＰＣＢが二分子結合したポリ塩化クワッターフェニル（ＰＣＱ）がＰＣＢの０・９〜３・５倍、ダイオキシンはＰＣＢの０・４％（通常のＰＣＢ製品の５００倍も高い）も含まれていることがわかったのは、その後間もなくのことでした。

ところが、厚生省が油症原因物質のひとつにダイオキシンがあったことをなかなか認めませんでした。事件から30年以上も経過しダイオキシン騒動が一段落した２００２年に、やっと油症の診断基準に血中ダイオキシン濃度が採用されました。

「毎日新聞」１９７５年4月2日夕刊に、「油症を起こしたライスオイルにはＰＣＢに通常含まれている濃度より２５０倍も高濃度のダイオキシンＰＣＤＦが含まれていることが九州大学油症研究班の分析でわかった」という記事があります。不純物ＰＣＤＦの分析を担当したのは当時九州大学の大学院生だった長山淳哉氏（のちに九州大学教授）でした。彼の著書『コーラベイビー　あるカネミ油症患者の半生』（西日本新聞社、２００５年）にはこんな記述があります。

〈ライスオイルから高濃度のダイオキシンが検出された〉当然の帰結として、九州大学油症研究班でも、私の発表以後、研究の主体はＰＣＢからダイオキシンＰＣＤＦに変わるものと考えていた。ところが、実際にはそうならなかった。その理由は、研究班員ではなかった私には今もってわからない。

九州大学油症研究班は研究の主体をＰＣＢからダイオキシンＰＣＤＦにシフトしていたのですが、厚生省が軌道修正を迫っていたことが発覚しています。「毎日新聞」２００１年3月5日〈大阪版〉より。

**厚生労働省　ダイオキシン検診せず　カネミ油症患者**

１９８３年に九州大学油症研究班長・倉恒匡徳氏（当時）が「油症の主原因物質はダイオキシンＰＣＤＦ」と発表した。だが、ダイオキシンが油症の原因との認識は広まらず、厚生省の担当者は「原因物質は未確定」との立場。研究班による症状の把握は年一度の検診に来る患者についてだけ。しかも、検診の検査項目にダイオキシンＰＣＤＦは入っていない。（中略）九州大学油症研究班長で九州大学薬学部教授の小栗一太氏は、（油症は）ダイオキシン被害と位置付けた研究体制整備の必要性を認めつつも、「厚生労働省に、油症研究班はダイオキシン問題とは混同しないで研究してください、と言われている」と話した。

厚生労働省は九州大学油症研究班に圧力をかけて、カネミ油症被害の原因が主にダイオキシンによるのではないかとする研究をさせないように介入していたのです。なお、「毎日新聞」のこの記事は縮刷版では掲載されていません。この問題は国会でも取り上げられました。（２００１年３月27日・参議院環境委員会）

**参議院議員・清水澄子氏（社会民主党）**　３月５日の「毎日新聞」に、厚生省は（九州大学油症研究班に）ダイオキシンと結びつけるなと指示をされたということが出ております。これはたいへん重大な問題だと思いますけれども、厚生省はそのこと（ダイオキシンによる被害）を知っていながらなぜ公表と対策を抑えたのか、そのポイントだけ答えてください。

**厚生労働省医薬局食品保健部長・尾嵜新平氏** 新聞報道を拝見し、（九州大学）油症研究班長に発言の趣旨を確認しました。厚生省はそういう指示は出していませんし、油症研究班もそういった認識ではありませんでした。ただ一点、ダイオキシンだけを取り出しての研究ではなく、どちらかといいますと臨床的な観点からの治療法の研究を中心にしていただきたいということは事務方としてはお願いをしておったようでございます。

「（九州大学）油症研究班長に発言の趣旨を確認」とは余計なことをしゃべるなと口止めしたという意味でしょうか。カネミ油症事件がダイオキシン被害であることを厚生労働省は認めたくなかったかのようです。政府が認めるようになったのは厚生労働大臣だった坂口力氏（公明党）の独断でした。

2001年12月11日、参議院決算委員会で山下栄一氏（公明党）がカネミ油症患者の診断を「PCBによる症状中心から、ダイオキシンに対応した基準に見直すべき」と主張しますが、厚生労働省の医薬局食品保健部長・尾嵜新平氏からは「専門家の方にもう一度、私どもの方からご相談はしてみたい」とあまり乗り気ではない回答が返ってきました。基準見直しの必要性を認めたのは厚生労働大臣の坂口力氏でしたが、このとき、坂口氏が手にしていたのは官僚が事前に用意していた「油症とダイオキシンは無関係」と記されたメモでした。坂口氏はさらに翌月、カネミ油症患者の診断基準について「（原因物質は）ＰＣＢよりもダイオキシンの一種のＰＣＤＦ（ポリ塩化ジベンゾフラン）の毒素が強いとわかった。診断基準も改めなくてはいけない」と見直しに前向きな姿勢を改めて示しています。坂口氏は「カネミ油症50年」のインタビューで次のように答えています。

（省内での擦り合わせは）まったくなかった。主原因がダイオキシン類だという研究は国内外であった。いろいろ言われるのがわかっていたので、官僚に相談せずに答弁した。ハレーションは大きかったが、事実を曲げるわけにはいかない。

## 農林省の隠ぺい工作

カネミ油症事件が発生した１９６８年は、ダイオキシンはおろか、有機塩素化合物の分析がまだ確立されていませんでした。そのため、表れた症状から原因物質に迫ろうという研究も行なわれていました。

米国でも１９５７年に日本の「ダーク油事件」そっくりの事件「ヒナ水腫事件」が起きていました。ジョージア、アラバマ、ノースカロライナおよびミシシッピー州で５００万羽ものニワトリが死にました。そして、日本の「ダーク油事件」発生の前年に、その原因物質が配合飼料に混入していたダイオキシンであったことが判明していたのです。この情報をつかんでいた農林省は「ダーク油事件」の原因物質を早くから絞り込めていました。しかし、ここでも水俣病事件同様、原因を把握しながら「敢えて原因不明」とされた経緯があります。

農林省家畜衛生試験場長・藤田潯吉氏署名の1968年6月14日付報告書には「ニワトリの中毒は配合飼料製造に使用したカネミ倉庫製ダーク油に原因すると思われる。S.C. Schmittel 氏らの報告によると、本中毒（「ダーク油事件」）と極めて類似したニワトリの油脂中毒が米国で1957年に発生している。この際の毒成分の本態はほぼ明らかにされている」とあり、すでにこの時点で農林省が、「ダーク油事件」と米国の「ヒナ水腫《すいしゅ》事件」の原因物質に強い関連があるとの認識を持っていたことがわかります。

さらにカネミ社長の姉・加藤八千代氏（同社非常勤取締役）は1969年2月に上京した折、農林省家畜衛生試験場の米村寿男氏から作成日・報告日ともに不明の「西日本地方に発生したニワトリのダークオイル中毒に関する研究（第一報）」を入手しています。その中には「本中毒は1957年米国において発生したニワトリヒナの水腫病と極めて類似した所見を呈し、米国の中毒例の原因物質がダイオキシンであることが1967年に至り明らかとされているので、ダーク油中毒の原因物質もこれと近縁の物質であると想像される」とありました。報告日不明なので断定できませんが、試験場長署名の報告書結論の根拠となった原本ではないかと推察されます。つまり、1968年6月14日の時点で、農林省家畜衛生試験場はダーク油事件の原因物質をダイオキシンまたはそれに近いものとの認識だったとみられます。

ところが、1968年7月15日に農林省で開かれた緊急中央技術委員会の席上、ダーク油事件の原因究明を担当した農林省家畜衛生試験場研究室長・小華和忠《こはなわまこと》氏は「再現試験により毒性物質はデオキシ・コルチコステロン・アセテート」と報告。さらに「1957年米国において……その毒性は現在に至るも解明されていないので……」と発言しています。

なぜ、6月にはつかんでいた米国ヒナ水腫事件の原因が、7月になると「解明されていない」ことになったのでしょうか？ ダーク油事件の原因物質も、油脂の変質程度では大量のニワトリを殺傷する能力がないことを知りながら、ダイオキシンではなくアセテート（油脂の変質）とされています。

九州大学医療技術短期大学部教授の長山淳哉氏は「もしかすると、農林省家畜衛生試験場の研究者たちは本当の原因物質を知っていたのではないか？ 科学者なら『油脂の変質』では片付けられないはず……それではすまないことがすんでしまっていることに、この国の本当の重大問題が潜んでいる。それが日本で数多の悲劇や公害が繰り返された根本原因なのだ」と述べています。

農林省家畜衛生試験場の担当者が示した不可解な態度の背景について、加藤八千代氏は前年に四国で起きた「くさい米事件」（105ページ参照）を挙げています。異臭米から有機塩素系農薬のBHCが高濃度で検出されたところへ、ダーク油事件が起こり、原因物質がBHCと同じ有機塩素化合物の可能性が高いとは発表しづらかったため、農林省は原因不明にしたのではないかと推理しています。しかし、前年の「くさい米事件」の隠ぺいが目的ならば、なぜ隠ぺい工作が最初からではなく7月から始まっているのかという疑問が残ります。

それよりも、農林省が緊急委員会で、「ダーク油事件」の原因がダイオキシンではないとしなければならなかった事態が、6月から7月にかけて発生したと考える方が自然です。そして、その有力候補は緊急委員会開催3日前の「朝日新聞」の枯葉剤国産化疑惑を初めて伝えたスクープ（22ページ参照）ではないかと推測しました。

ＢＨＣやＰＣＰの大量消費をとおして「枯葉剤供給ネットワーク」の一端を担ってきた農林省にとって「枯葉剤国産化疑惑」が初めて暴露された緊急事態です。「朝日新聞」のスクープは結局不発に終わりましたが、この時点ではその後どう展開するか、まだわかりませんでした。農林省が「朝日新聞」のスクープを見て「ダーク油事件」の原因をダイオキシンから油脂の変質と改めたのだとしたら、農林省は「枯葉剤国産化疑惑」と「ダーク油事件」の関連を知っていた可能性があるということになりそうです。

農林省はいつの時点でニワトリの被害（ダーク油事件）が、人への被害（カネミ油症事件）にまで発展している可能性を認識していたのでしょうか。国立予防衛生研究所の主任研究官（当時）俣野景典氏が「ダーク油事件」を知り、人間にも被害が出ているはず、と農林省、厚生省に話を持ちかけたのはこの年の8月でした。このときの両省の冷ややかな対応から推測して、人への実害発生はすでに了解済みで、俣野氏の動きはむしろ迷惑そうです。

「朝日新聞」が「カネミ油症事件」をスクープする前月の9月7日に「油症」は日本皮膚科学会大分地方会で報告されていますから、学会の申し込み締め切りが3カ月前だとすると、九州大学病院では遅くとも6月頃にはPCB食中毒事件を把握していたと推定されます。ある患者は9月9日に九州大学病院でひとりの看護婦から「あんたたち、まあだカネミの油ば飲んじょっとね。はよう（早く）やめんといかんとよ」と忠告されています。

このことは看護婦が患者に忠告できるほどに病院内では早くからカネミのライスオイルが原因であると認識されていたことを示しています。しかし、九州大学病院の医師たちは患者には何も伝えませんでしたし、保健所にも通報しませんでした。事件発覚後、患者にも知らせず、保健所にも通報しなかった理由を聞かれて、ある医師は「学会で発表してあっと言わせたかった」と答えています。患者の命よりも自分の研究成果を優先したというのです。

カネミ油症事件は、大規模なダイオキシンの人体実験の様相を呈しているわけですが、これは偶然の積み重ねの結果なのでしょうか。

この時期は、ダウ・ケミカル社が、ホルムズバーグ刑務所で人体実験までして、ダイオキシンの効果を確認したり、米軍がベトナムのジャングルで枯葉剤（有機塩素剤）とナパーム弾の組み合わせ実験を繰り返したりと、明らかに枯葉作戦が「敵兵が隠れているジャングルを枯らす」から「敵兵にダイオキシンを浴びせかける」という目的に変化していた転換点でもあります。その重要な時期に、PCBがダイオキシン発生源として「有望な化学兵器のひとつ」になり得ることを確認できたであろうダーク油事件・カネミ油症事件に、米軍や、米軍に枯葉剤を供給していた化学会社、とりわけ枯葉剤のもう一方の主要メーカーで、世界最大のPCB供給メーカーでもあるモンサント社が無関心だったとは考えられません。その点、日本に設立した三菱モンサント化成（持株はモンサント社51％、三菱化成〈現・三菱ケミカル〉49％）の動きが実に興味深いのです。

## 事件後倍増したPCB生産量

環境省のホームページには「PCBはその有用性から広範囲に使用されるも、その毒性が明らかになり昭和47（1972）年に製造が中止になりました」とあります。カネミ油症事件がきっかけとなって、PCBが使われなくなり、ついに1972年に製造中止になったと思いがちです。しかし、実際はその逆で、カネミ油症事件の後、PCB生産量は倍増しています。その理由が説明できなくて困ったのでしょうか。1973年の環境白書には「わが国においてPCBの生産が開始されたのは昭和29（1954）年であり、昭和45（1970）年には年産1万1000トン程度となりましたが、昭和46年には環境汚染問題が表面化し6800トン程度になり、47年には生産が中止されています」とあり、カネミ油症事件はなかったかのようです。

PCBの国内生産量倍増は、三菱モンサント化成が新工場を稼働させたのが原因です。同社はカネミ油症事件をどのように見ていたのでしょうか。

三菱モンサント化成のPCB事業化は、米国が枯葉剤の海外発注をした直後の1967年6月に申請、9月に通商産業省が認可、1969年9月から生産開始ですから、「ピンクの薔薇プロジェクト」終了後に申請を出し、1968年2月～3月の「ダーク油事件」、同年10月の「カネミ油症事件」はともに、工場建設途中だったことになります。民生用途だけを想定していたらカネミ油症事件の発生時に事業化は凍結されていたことでしょう。1972年4月13日の衆議院公害対策並びに環境保全特別委員会に参考人と呼ばれた三菱モンサント化成第三事業部長・采野純人氏に衆議院議員の島本虎三氏（日本社会党）がこの点を質しています。

**衆議院議員・島本虎三氏**　企業化の時点で親会社であるモンサント社からPCBは危険であることを知らされていたのではないですか？　モンサント社はPCBの危険性を認識していたからこそ、その生産量を秘密にしていたのではないですか？

**三菱モンサント化成第三事業部長・采野純人氏**　あやしいという報告は、1969年の初め頃、米紙「サンフランシスコ・クロニクル」という新聞に出ておりまして、あやしいということは聞いておりました。ところが、まだ人体への毒性とかいうような点がもうひと

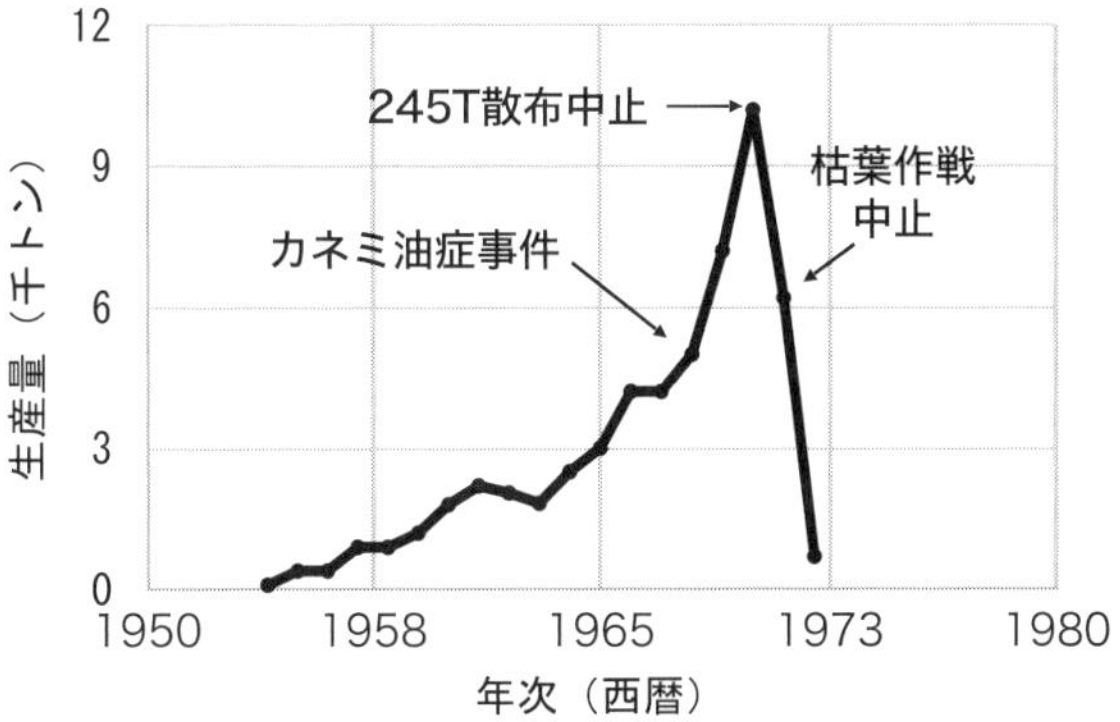


PCPの国内生産量（環境白書1973年版）

つはっきりしないというような状況でありました。モンサント社からもこれが絶対に危ないというようなインフォーメーションもございませんまま、それから、昨年（１９７１年）まで、どのくらいあれば人体に影響があるかというようなこともはっきりいたしませんでしたので、生産は続け、販売は続けるという状況で推移をしたわけでございます。

島本氏はその委員会に同席していた東京大学助手の宇井純氏（東京大学で市民向け「公開自主講座」を開講。その内容は『公害原論』として出版されている）にその場で事実関係を確認しています。宇井氏はカネミ油症事件（１９６８年）もあったし、職業病としては戦前からあり、ＰＣＢメーカーの鐘淵化学工業でも被災が続いていたから人体に有毒であることはわかっていたと証言しています。

そして何より当の三菱モンサント化成自身がＰＣＢ事業化に後ろめたさを感じていたようです。社史である『三菱モンサント化成30年史』にはＰＣＢ事業化の歴史を次のように記述しています。

１９６７年7月、石油添加剤に次ぐ第2弾の化学工業薬品として「機能油」を四日市工場（三重県）で企業化する方針を決定、モンサントからの技術導入の許可申請を行なった。機能油という言葉は三菱モンサント化成が始めて使用したものである。モンサント社は１９３０年代から生産を行なっており、その優れた技術に基づく製品は他の追随を許さず、世界市場の8割を占めていた。しかし、日本では1954年から鐘淵化学工業が生産を行なっており、機能油の市場をほぼ独占していた。このため当社はモンサントの技術を導入して、機能油を国産化し、事業多角化の一環として積極的に展開することにした。（中略）工事は順調に進み、1969年6月4日に修祓式を行ない、16日から生産開始。この間、3月には第2期工事としてビフェニル設備、9月に水素化トリフェニル設備建設を決定。これら2、3期工事は1971年4月に完成、稼動開始。

「機能油」とはその説明からPCBのことで間違いありません。三菱モンサント化成自身がPCB事業化という歴史を消し去りたいと思っているのでしょう。PCBを「機能油」と呼ぶ表現は、カネミ油症事件で被告席に座らされた鐘淵化学工業では見当たりません。

カネミ油症事件はそれぞれの思惑が交差しながら放置され、「PCB人体実験」とも言われる様相を呈していったのです。

## 離島でPCB次世代実験か

カネミ油症事件が、ホルムズバーグ刑務所や三井東圧化学で行なわれたような意図的に企画された人体実験だった証拠は見当たりません。それでも「カネミ油症とはPCBの人体実験である」（紙野柳蔵氏）、「カネミ油症という、そのまま人体実験とさえいわれる日本独自の悲惨な体験」（藤原邦達氏）など、カネミ油症事件は人体実験だったと指摘する人々がいます。ＰＣＢがダイオキシン供給源として、人体にとって極めて有害な物質であることを人間自身で証明してしまったことを指していると思われます。

摂南大学薬学部教授の宮田秀明氏は油症の特異性について次のように述べています。

化学性食中毒である「カネミ油症」は、一過性の細菌性食中毒とはまったく様相を異とし、10年以上の長期にわたり、皮膚症状、内臓疾患、自律神経障害が続く悲惨なものである。事件発生から32年後の現在でも、まだ正常な体に戻れない多数の被害者がいる。このため、自殺、離職、婚約解消など人生設計そのものまでくるってしまった人も多い。その原因物質はダイオキシン類であり、その強毒性、高い生体蓄積性のゆえに各種症状が長期間にわたって続くのである。油症は悲惨な肉体的、精神的打撃を与えた反面、人類がそれまで抱いていた化学物質の安全性や毒性についての判断を見事に覆させるきっかけとなった（『今なぜカネミ油症か　日本最大のダイオキシン被害』止めよう！ダイオキシン汚染　関東ネットワーク、２０００年）。

油症患者は職業的ＰＣＢ汚染者に比べ血中ＰＣＢ濃度が数分の1に過ぎないのに、症状ははるかに重篤でした。そのため、ダイオキシンと特定できなかった当時でもＰＣＢ以外の有毒物質の関与が強く疑われたのでした。しかも、事件被害者の分布には「人体実験を思わせる」特徴があります。

この当時、有機塩素化合物が化学兵器・ダイオキシンの発生源となり得ることをつかんでいた米軍は当然、この事件に強い関心を持ったことでしょう。

その特徴は、1971年8月時点での油症認定患者1058人中約4割が長崎県五島列島に集中していて、福岡県に匹敵する被害者がいることです。被害者が最も多いのは加害企業の所在地で人口も多い福岡県であるのは当然としても、事件以前にはカネミ倉庫のライスオイルが持ち込まれたことがなかった離島に、なぜ事故油に限って持ち込まれたのか、その疑問には未だに解答が得られていません。

五島列島の被害者の特異点は「新生児油症（またはPCB胎児症、胎児性油症）」が多いことです。新生児油症は水俣の胎児性水俣病に匹敵するもので、母体に蓄積されたダイオキシンは胎盤を経由して胎児に移行し、出産後は母乳を介して乳児に移行します。九州大学油症研究班長の倉恒匡徳氏（医学部教授）は次のように述べています。（紙野柳蔵『PCB 人類を食う文明の先兵』朝日新聞社、1972年）

---

患者さんをさらに苦しめたのは、汚染ライスオイルをとったお母さんから、暗黒色の皮膚を持った赤ちゃんが生まれたことである。長崎県のある油症のお母さんが生んだ3人の子どもが、3人とも黒かったと報道されている。

黒い赤ちゃんの体内にPCBが存在することが証明されているので、胎盤を通して母体から移行したPCBによって起こったものであることは間違いない。幸いこの異常な皮膚の色はわりに早く消えているようだ。しかし、患者さんにとって次にどのような病状が現れるか、恐怖は深刻である。子どもが欲しいが、子どもを持つことを断念した人は少なくない。

被害者は次のように語っています。「妊娠はしたけれど、子どもを産むだけの体力があるとは思えなかったし、自信などまったくなかった。それに何より「もし無事に産むことができたとしても、黒い赤ちゃんだったら……という漠然とした不安もあった」「(黒い赤ちゃんが生まれると) こん子は色が黒かねえとみんな不思議がり、黒人と浮気したんじゃろと陰口をきく人もいた」という状態で、差別を恐れて、妊娠しても中絶した人が多かったことでしょう。そのなかにあって、五島列島では被害者から多くの赤ちゃんが生まれているのです。

胎児性水俣病を発見した熊本学園大学教授・原田正純氏はカネミ油症事件が起きて、同じ胎内中毒である胎児性油症にも関心を持ち、五島列島の小さな町を訪問しています。原田氏は次のように記しています (『今なぜカネミ油症か　日本最大のダイオキシン被害』止めよう!ダイオキシン汚染　関東ネットワーク、2000年)。

初めはなぜここに胎児性油症が集団的に発生したのかわかりませんでしたが、ここはキリスト教の村でした。母親たちは「黒い赤ちゃん」が生まれるという噂があっても産んだのでした。ここの母親たちの勇気ある行為はもっと評価されていいでしょう。

ここでは江戸時代に本土の厳しい弾圧を逃れて移り住んできた隠れキリシタンの伝統があり、今でも島のあちこちに教会があります。この島の神父たちが中絶を認めなかったという背景があったのです。つまり、五島列島は「次世代へのダイオキシンの影響を確認するには絶好の場所」でした。

それまでまったくカネミとは取引のなかった離島になぜ事故油が持ち込まれたのか、その経緯はわかっていません。しかし、福岡や北九州では高級品扱いだったカネミのライスオイルが、五島では安価で売られたなど、意図的に島に持ち込もうとした形跡があります。さらに、安価でも仕入れない商店には強引に押し付けていたような証言もあります。認定患者のCさんは実家の隣がカネミの油を売っていた商店でした。Cさんは玄関先で隣の店主が父親に土下座して謝っている姿を覚えていました。店主は「馴染みの商品しか仕入れないからと何度も断ったが、今度だけだからなんとか頼むと問屋から拝み倒されて……」と釈明していたそうです。問題の油が五島列島に持ち込まれるまでには単なる商取引だけではない、強引な力も働いていそうです。

## 枯葉剤工場で第二の油症

枯葉剤国産化疑惑とカネミ油症事件の密接な関係はさらに続きます。1970年8月19日の「毎日新聞」は「第二の油症だ。三井東圧化学大牟田で20人。農薬製造で2年前から症状、治療効果まったくなし」との見出しで、枯葉剤245Tとその原料245TCP（トリクロロフェノール）を製造していた工場従業員とカネミ油症被害者の症状が酷似していることを伝えています。PCB（ポリ塩化ビフェニル）でも枯葉剤と同等のダメージを与えることが、少なくともこの時点ではわかっていたことになります。

---

福岡県大牟田市の三井東圧化学大牟田工業所の農薬工場で働いている従業員20人（組合調べでは30人）がカネミライスオイル患者と外見がそっくりの有機塩素中毒に罹っていることがわかった。症状は顔、首筋、背中に黒いニキビが一面に噴出している。同じように有機塩素中毒による油症の治療がはかばかしくないように今度の中毒も熊本大学（医学部附属病院）などで治療しているが、一向に好転しない。医師も「将来内臓にも異常が出ないとは言えない」と言っており、中毒患者は不安な日々を送っている。

有機塩素中毒患者が発生したのは除草剤245TCP（※実際は除草剤245Tとその原料245TCP）を製造している同所の農薬工場と実験室。同社は昭和42（1967）年10月に245TCPの製造を始めたが、1968年夏頃から農薬工場と実験室で働いている従業員の顔や首筋にブツブツが出るようになった。大牟田市内の病院や熊本大学医学部附属病院で治療を受けているが2年後の今も完治した者はいない。

このため労組は（1）中毒している者は全員人間ドックに入れ、精密検査を受けさせ、所見あるものが発見されたら適切な処置をとること。（2）中毒患者に対する抜本的な治療対策を立てること、を要求。今後とも中毒患者の発生があるなら生産を中止するよう申し入れている。これに対し会社側もスタート時の混乱で患者が出たことを認め、「245TCPの生産体系を再検討している」（安達倫也事務部長）と言っている。

なお、同社では7〜8年前にも245TCPと同系の除草剤PCP（ペンタクロロフェノール）の製造中に同じ症状の患者が出てPCP製造をやめたが、再び同じミスを繰り返した。カネミ油症患者の場合は、ライスオイルの中に有機塩素剤PCBが油の摂取とともに体内に入って中毒を起こしたが、今度の場合は侵入経路はわかっていない。有機塩素剤が製造過程で微粒子か蒸気で吸い込まれたのか、あるいは皮膚から吸収されたとの見方が強い。

治療にあたった熊本大学教授・野村茂氏（公衆衛生学）は「現在の医療水準では完治は難しい。今のところ皮膚症状だけだが、油症も最初はそうであったように、将来体の内部、特に肝機能や血液系の異常が出ないとは断定できない。今後も農薬工場で同様の中毒が起こる恐れがある。245TCPは低毒性ということになっているが、単に毒性検査ばかりでなく、人体への刺激性試験をしてから生産体系を作るべきだ」と警告している。（毎日新聞・1970年8月19日）

---

野村茂氏は、三井東圧化学で行なわれた「人体実験」の担当医でもあり、三度にわたり三西化学工業の工場周辺住民の健康診断を行なった経験から、「いまさら（人体）実験しなくても症状はわかっている」と言いつつ「実験は合法だ」と言い放った人物です。「人体実験」の2年以上前に

「人体への刺激性試験をしてから」と事前の人体実験を会社に推奨していたことがわかります。
「毎日新聞」は同日の夕刊で続報を掲載しています。

**三井東圧化学大牟田の立入調査始める。**

事故を重視した福岡労働基準局は大牟田労働基準監督署とともに19日朝から同農薬工場の立入調査を始めた。同労働基準監督署に報告された中毒患者はこれまで入院2人、労災補償に伴う療養給付申請20人の計22人とわかった。
中毒患者が最初に発病したのは問題の２４５ＴＣＰの操業開始直後の１９６８年1月頃。農薬製造工場だけで15人が中毒に罹った。このため大牟田労働基準監督署で調査した結果、１９６８年7月24日、労働基準法第42条の安全衛生規則違反として会社に改善を勧告。会社側もただちに改めた。
ところが２４５ＴＣＰ工場とは別のモノクロロル酢酸小工場に勤めていた従業員7人が次々に発病した。

モノクロロル酢酸とは２４５ＴＣＰと反応させて枯葉剤２４５Ｔを作る原料のひとつです。モノクロロル酢酸もたいへん有害なもののようです。厚生労働省の「職場のあんぜんサイト」にモノクロロル酢酸の危険有害性情報があり、「皮膚に接触、あるいは吸入すると生命に危険」「神経系、呼吸器、心血管系、血液系、肝臓・腎臓の障害」などと書かれています。

以上の記事から、三井東圧化学の枯葉剤工場従業員の労働災害とカネミ油症事件はほぼ同時進行で推移し、極めて酷似した症状を呈していることがわかります。その状況下で農林省は「米国ヒナ水腫事件の原因は未解明」との偽情報を出し、カネミ油症事件へとつながるダーク油事件の原因究明を遅らせています。

# 第10章　新・枯葉剤

日本社会党の衆議院議員・楢崎弥之助氏が国会で枯葉剤国産化疑惑を追及したものの日本国内の疑惑解明は一向に進みませんでした。しかし、米軍による「枯葉作戦」は反戦の世論に抗いながらも次第に追い詰められていきます。１９７０年、米軍の枯葉剤散布量は急激に減少していて、枯葉作戦にブレーキがかかったことを示しています。この章では、枯葉剤の使用禁止をめぐる外交の駆け引きと、枯葉作戦継続に執着する米企業の思惑をみていきます。

## 使えなくなった２４５T

楢崎氏の国会質問から約3カ月後の１９６９年10月29日夜、米ホワイトハウスは枯葉剤の主成分である２４５Tの使用を制限するとの声明を発表しました。「２４５Tの使用制限」に踏み切った理由として、大統領科学顧問兼環境問題会議事務局長・デュブリッジ氏は、いくつかの研究所で行なった動物実験の結果を挙げました。すなわち、妊娠初期のハツカネズミに２４５Tを投与すると予想より高い奇形発生率だったとのこと。デュブリッジ氏は「人間が危険なほど大量の２４５Tを摂取することは考えられないが、研究がさらに進められるまで一般の安全性確保のために２４５Tの使用を制限する」と述べました。使用中止ではないところがなんとも中途半端です。

それを見越したように、日本では「従来どおり使い続ける」との方針が早々に打ち出されました。日本では山林除草剤として三井東圧化学が２４５Tを作り、石原産業などが乳剤化して販売していました。これらメーカー側は①木材は直接口にするものではない、②人里離れた山林で使う、などの点で人体への害に神経質になる必要はないと主張しています。

「朝日新聞」は、１９６９年11月26日に次のような記事を掲載しました。

---

11月25日に、ニクソン米大統領はホワイトハウスで記者会見を行ない、生物・化学兵器の禁止に関する政策を発表しました。同大統領はこの会見で、化学兵器の使用を禁じた１９２５年のジュネーブ議定書を批准するよう米議会上院に要請したとのことです。議会からは即日「今年中に批准を完了させる。44年間タナざらしだった問題だ。反論の余地があろうはずがない」（マンスフィールド民主党上院院内総務）との支持の表明が出ています。

しかし、これには「除外」があり、化学兵器のなかでも暴徒鎮圧用に使う催涙ガスや、ベトナムの枯葉作戦に使われている枯葉剤は「放棄」の対象に含まれていないとホワイトハウスは明言しています。これに対し、民主党のマッカーシー上院議員は「催涙ガスと枯葉剤が放棄の対象に含まれないことは心外だ」との批判声明を出しています。なお、下院の歳出委員会が明らかにした数字によると、米国が1962年以来、生物・化学兵器の研究に投じた費用は2億3800万ドル（734億円）の巨額に達していました。

ニクソン大統領はあくまで枯葉作戦は続けるという姿勢です。それに対して枯葉剤を国際法違反にあたる化学兵器であるとする決議案をスウェーデンなど21カ国が共同提案という形で国連総会に提出しました。投票の結果、米国の反対にもかかわらず、賛成多数で可決されました。枯葉剤は事実上使用中止に追い込まれたのです。「朝日新聞」1969年12月11日夕刊より。

**国連、枯葉剤を化学兵器と認定し、違法を宣言。米の反対を押し切る**

【ニューヨーク＝田中特派員】10日の国連総会第一（政治）委員会は生物・化学兵器の禁止に関する2決議案を可決した。2決議案のうちスウェーデンなど21国提出の「生物・化学兵器違法宣言決議案」は催涙ガス、枯葉剤なども国際法違反と決めつけているため、米国は猛烈に反対していたが、賛成58、反対3（米、ポルトガル、オーストラリア）、棄権35で可決された。日本は棄権した。

**定義明確でない　棄権理由　外務省説明**

国連総会第一委員会でスウェーデンなどが提出した「生物・化学兵器違法宣言決議案」が可

決されたが、日本が棄権した理由について外務省は「生物・化学兵器が違法だとの考え方には基本的には賛成だが、生物・化学兵器の定義が国際的にはまだ明確にされていないためだ」と説明している。

また、わが国がこの決議案に賛成することは生物・化学兵器規制の動きの出ている米国が内政干渉を受けたような印象を持ち、かえって態度を硬化させることも考えられ、実質的な効果が得られないのではないかとの配慮もあったとしている。

この決議可決を受けて米国防総省は、枯葉作戦断念のそぶりをみせます。1970年4月、「枯葉作戦に245Tを使わない」と発表しました。「朝日新聞」1970年4月16日夕刊より以下引用。

**枯葉剤のひとつ　米、使用を中止**

【ワシントン15日=ロイター】米国防総省は15日、ベトナムで使用している枯葉剤245Tを今後使用することを中止すると発表した。これは同日、米政府が国内で液体除草剤の使用制限を指示したのと同じ線に従ってとられた措置で、上院ではネズミの生体実験に245Tを使用した結果、多くの奇形児が生まれる事実を調査中だった。

245Tはベトナムで大量に使われているふたつの主要枯葉剤のひとつで、パッカード国防次官は昨年10月、人口密集地帯でこの枯葉剤を使用することを避けるよう指示していた。

この記事で騙されてはいけないことがあります。米国防総省の発表はあくまでも２４５Ｔを使わないと言っているだけで、枯葉作戦そのものを中止するとは言っていないことです。米軍には２４５Ｔに代わる隠し玉がありました。枯葉作戦で２４５Ｔの代替品が検討されていて、そのメドがたったものと推測されます。

ダウ・ケミカル社では１９６４年に起きた自社工場の事故から、２４５Ｔとナパーム弾の組み合わせで敵にダイオキシンを浴びせかけるという発想が生まれました。ならばダイオキシン発生源となる薬剤であれば必ずしも２４５Ｔでなくてもいいということになります。その第一候補は、２４５Ｔ製造時にできてしまっていた副産物のなかから選抜されるのが自然です。そして白羽の矢が立てられたのがＰＣＰだったと推測されます。ＰＣＰは１９６０年代に水田除草剤として日本国内で大量に使用され、中西氏・益永氏の研究でも、ベトナム枯葉作戦よりも日本のダイオキシン汚染が深刻と指摘された原因の薬剤です。実際に米軍が枯葉剤の代用品として使用していたことに由来するとみられる事件が復帰前の沖縄で発生しています。

## 沖縄ＰＣＰ払い下げ事件

本土復帰を1年後に控えた沖縄で、ＰＣＰの不法投棄事件が起きました。興味深いのは、それを伝えた新聞が投棄されていたＰＣＰを「枯葉剤」と断定していることです。１９７１年5月25日の

「朝日新聞」は次のように伝えています。

**沖縄南部で飲料水に枯葉剤**

沖縄本島南部地区一帯で上水や井戸水を飲んだ人たちが次々と頭痛や吐き気を訴え、浄水場の魚がひっくり返る騒ぎが持ち上がった。琉球政府で調べたところ、米軍の払い下げでベトナムの枯葉作戦で使われたという劇薬ＰＣＰが（上水や井戸水に）大量に混入していることがわかり、水道組合は東風平村《こちんだそん》（現・八重瀬町）など４カ村への給水を全面的にストップ、植物への水遣りも中止した。

原因を調べていた琉球政府厚生局はＰＣＰを手がけている毒劇物輸入販売業者・沖プライ商事が去る５月14日から１週間にわたって、浄水場から約１キロ離れた具志頭村《ぐしかみそん》山中の旧採石場跡にＰＣＰ約２万５０００ガロン（約１００トン）を捨てたことを突き止めた。沖プライ商事は１９６８年11月払い下げを受け、南風原村《はえばるそん》内の社有地に野積みしていた。ところが容器が腐食して液が流出し始めたため、この４月末琉球政府は同社に対してＰＣＰを廃棄するよう警告した。法によると劇物の廃棄は「少量ずつ焼却する」ことになっているが、沖プライ商事は量が多いため一気に旧採石場跡に持ち込んで流し込んだようだ。それが地下水に混じって浄水場をはじめ四方の地下水源に流入したとの見方が強い。

なんといっても、この記事で目を引くのは「枯葉作戦に使われたというＰＣＰ」との記述です。

公式には米軍がＰＣＰを枯葉剤として使ったという記録は見当たりません。「朝日新聞」が２４５Ｔではなく、ＰＣＰが枯葉作戦に使われているとした根拠は沖縄県公文書館にありました。琉球政府総務局報告書（１９７１年５月４日決裁印）の「薬品集積所から流出したＰＣＰ（ペンタクロロフェノール）の調査について」という報告書に、「薬品の使用目的　米軍がベトナムで枯葉作戦用として使用しているようである」との記載があります（２１８ページの写真参照）。朝日新聞はこれを「ＰＣＰ＝枯葉剤」の根拠にしたものと思われます。地元の新聞にも、ＰＣＰが枯葉作戦に使われているのではないかとの疑惑が掲載されています。

事件発覚から半年以上遅れますが、

屋良首席、PCP被害を視察（1971年6月）沖縄県公文書館所蔵

1971年12月26日に日本の国会、参議院の沖縄及び北方問題に関する特別委員会でも、沖縄でのPCP不法投棄事件が取り上げられ、国会で改めてPCPと枯葉作戦の関連を疑わせる「事件」がありました。参議院議員の小平芳平氏（公明党）は米軍が民間企業に払い下げるにあたって、琉球政府（沖縄は当時まだ米国施政権下にあった）が蚊帳の外に置かれていたことを確認した上で、次のように質問しています。

**小平芳平氏**　私がこの問題でいちばん問題だと思いますのは、安保体制下で米軍は日本の国内へ何でも持ち込めるのかどうかということなんです。日本のどこへでもこういうものを持ち込むことができるならば、今ずっと述べられたような重大事故が次から次へ発生する可能性が沖縄にも本土にも残されているということになる。米軍はいったい何のためにこのような大量の除草剤に使われているPCPを沖縄へ持ち込んだのか。

これに対し、防衛庁（現・防衛省）長官・江崎真澄氏は「今後注意するが、PCPは除草剤であって毒ガスなどではない。米軍は基地の草取りに使っていた」と反論しますが、小平氏から基地が縮小されたわけでもないのになぜ除草剤が余るのかと再度質問され、今度は「木材防腐剤にも使ったと聞いている」と答え、誰から聞いたのかと質問されると環境庁（現・環境省）長官・大石武一氏が「だいたいの見当」だと答え、小平氏は「米軍から何も説明を受けてないいじゃないか」と納得しません。

**小平芳平氏**　今後復帰する沖縄においても、あるいは日本本土においても、そういうことが米軍のご都合ですと、国民の迷惑がひど過ぎませんか。なぜこんな大量の、しかも住民に被害を与えるこういう劇物毒物を持ち込んだのか、将来とも持ち込むのか。それも除草や防腐剤に使う範囲ならともかく、１００トンも現に余っている。それほど、基地が縮小されましたか。それを何も知らない民間に渡して、民間企業も迷惑な話だ。それを受け取ったはいいけれども、缶が腐って流れ出す、被害が発生する、そんなことが今後日本の基地のどこででも行なわれる可能性があるんですか、ないんですか。核兵器はもちろん困るし、毒ガスも困りますが、現にＰＣＰの場合は、沖縄で、もうこれから、計り知れない被害、あとどれだけ被害が発生するか見当もつかないようなことを巻き起こしているわけです。将来これ（※在日米軍の有害物の持ち込み）に対

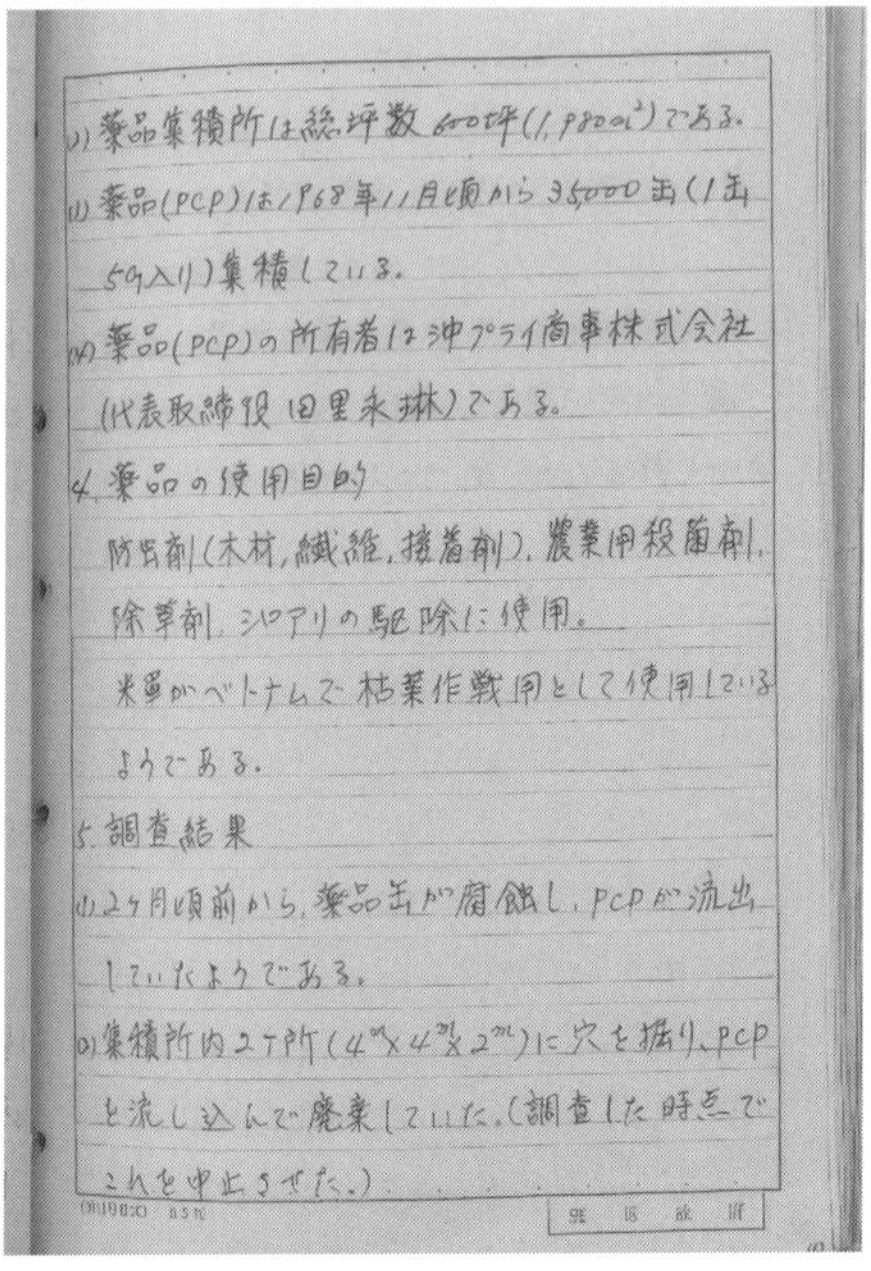
(1) 薬品集積所は総坪数600坪(1,980m²)である。
(2) 薬品(PCP)は1968年11月頃から35,000缶(1缶5G入り)集積している。
(3) 薬品(PCP)の所有者は沖ブライ商事株式会社(代表取締役 田里永琳)である。
4. 薬品の使用目的
防虫剤(木材, 繊維, 接着剤), 農業用殺菌剤, 除草剤, シロアリの駆除に使用。

米軍がベトナムで枯葉作戦用として使用しているようである。
5. 調査結果
(1) 2ヶ月頃前から, 薬品缶が腐蝕し, PCPが流出していたようである。
(2) 集積所内2ヶ所(4m×4m×2m)に穴を掘り, PCPを流し込んで廃棄していた。(調査した時点でこれを中止させた。)

琉球政府総務局報告書
（1971年5月4日決裁印）沖縄県公文書館所蔵

する沖縄県民はもとより、日本の国全体としてのあり方についてお尋ねしたい。

そのときです。「枯葉作戦用としてベトナムで使っておるのだよ、ベトナムで」との野次が飛びました。これに対し、佐藤栄作総理大臣は次のように答えています。

**総理大臣・佐藤栄作氏**　まあ先ほど不規則発言ではありますが、「枯葉用だ」とか、「枯葉作戦用だ」とか、こういうような声もいたしておりましたが、しかし、いずれにしても、米軍自身が使いこなせないものを民間に払い下げた、民間でも使用できなくてそういうものが焼かれ、あるいは地下に埋設されて廃棄処分を受けた、私はこれはいくら米国が金があるといっても、そんなむだな使い方はしないだろうと思います。お互いに信用してこそ初めて同盟条約というものは有効だ、不信を買うような行為があったらこれはもう存続の意義がなくなりますから、そういう点においては忌憚のない意見を当方からも言うが、これに対する応答も十分納得のいくようにしてもらわなければならないと、私はかように思います。

このとき、ＰＣＰがダイオキシン発生源となり得ることを米軍が認識していたことを示すエピソードがあります。当時、琉球政府の公害衛生研究所所長だった吉田朝啓氏の証言です（吉田朝啓『琉球衛研物語』新星出版、２０１８年）。

――現場で、県が焼こうとしたら、やめてほしいと。浜辺で焼こうとしたけど、県独自で。そうしたら（米軍の）係官が飛んできて、「とんでもない。焼くことだけはやめてほしい」と米軍の将校が。なぜかと聞いたら、世界最悪の毒が発生すると。

東京大学名誉教授の森敏《もりさとし》氏は当時ＰＣＰ払い下げ事件を調査し、報告書も書いています。森氏はＰＣＰを燃やすと毒性の強いダイオキシンが発生することに着目し、こんな疑いを持っていました（琉球朝日放送「悲鳴を上げる土地2―42年前の恐怖再びＰＣＰ汚染」２０１３年）。

――私の感じではベトナム戦争のとき、ナパーム弾と一緒に燃やして使うためのものだったのではないかと。燃やすとＰＣＰもダイオキシンが出る、毒性の強いダイオキシンが出るから。

三西化学工業（三井東圧化学の子会社、福岡県久留米市）が１９７０年春に、工場周辺の庭木が枯れる事件を起こしたことは第４章で紹介しましたが、このとき説明と謝罪に訪れた深町工場長代理は、「漏れたのは初期の頃のＰＣＰ」で、それを「東南アジア向けの最も悪質な薬品」と地元・久留米の住民に説明していました。以上のことから、米軍は１９６７年からダイオキシンの少ない２４５Ｔ（高価）を発注すると同時に、２４５Ｔの代替品（ダイオキシン発生源）として安価なＰＣＰにも着目していたと推測されます。

１９６７年といえば、三菱化成がその年からＰＣＰの製造を始めているのも偶然でしょうか。三井東圧化学はダウ・ケミカル社と提携関係にあり、三菱化成はモンサント社と提携関係にありました。ダウ・ケミカル社とモンサント社は枯葉剤の二大メーカーです。

ところで、ＰＣＰとは確認できないものの、２４５Ｔ使用中止後に米軍が「新・枯葉剤」を散布しているとの記事もあります（朝日新聞・１９７０年10月29日）。

**米国が新・枯葉剤を散布　南ベトナム**

【サイゴン28日＝ＡＦＰ】サイゴンで傍受した解放民族戦線放送は、米軍と政府軍のヘリコプターがサイゴン西北方90キロメートル、タイニン省のヌイバデン山地に1平方キロメートルあたり1キログラムの新しい青い色の枯葉剤を散布し、子ども15人を死亡させたほか、数千人を中毒させたと非難した。また、この枯葉剤による果樹園、田畑の被害は５００ヘクタール以上に及んだという。

南ベトナムで大量のＰＣＰが投下されていたことを示す研究報告もあります。愛媛大学農学部教授の脇本忠明氏と株式会社環境研究センターの共同研究で、ベトナム南部の土壌と底質中のダイオキシン調査が行なわれています。すべての測定ポイントでダイオキシンが検出されていることから、汚染源は枯葉剤だと推測されたわけですが、そこで検出されたダイオキシンの組成は意外にも、ベトナム戦争期間中にＰＣＰを水田除草剤として大量消費していた日本の水田土壌のダイオキシン組成と酷似しているというのです。米国政府は枯葉作戦で投下した枯葉剤の中にＰＣＰがあったとは発表していませんが、ＰＣＰが大量に散布された疑いは濃厚です。

## 台湾・東洋一のＰＣＰ工場

米軍が新・枯葉剤として利用しようとしたとみられるＰＣＰは専用工場で作られていたと推測されます。当時、東洋一の規模を誇るＰＣＰ工場が台湾の台南市に建設されました。それが台湾苛性会社安順《あんじゅん》工場です。

台湾苛性会社安順工場は１９８２年６月に閉鎖されましたが、その後、工場跡地では高濃度の水銀とダイオキシンにより敷地土壌や地下水が汚染されていることがわかりました。

工場近くの養魚場経営者によれば、ＰＣＰ汚染により近隣の養魚場は甚大な被害をこうむったとのことです。養魚場の底泥にはＰＣＰの白い針状の結晶が生成し、そのために魚の上唇は内側に縮み、下唇は外側に突き出すといった奇形やヒレと尾に徐々に穴が開いた魚が多く見つかり、魚の大量死が続発しました。

台湾苛性会社安順工場の起源は太平洋戦争中の１９４２（昭和17）年、鐘紡（現在のカネボウ）

の子会社である鐘淵《かねがふち》曹達《ソーダ》（１９３８年設立）が現地住民から土地を強制収用し台南市安順に工場を建設したことに始まります。この工場は、水酸化ナトリウム、塩酸、および液体塩素を製造する一方、軍の指示で航空燃料添加剤のブロムや毒ガスを製造していました。

第二次世界大戦末期、米軍に爆撃されて工場は一部破壊されましたが、１９４６年に台湾政府はこの工場を改修、「台湾苛性製造会社台南工場」と改称して年末に操業を再開しました。１９５１年には「台湾苛性会社安順工場」と改称、従来からの水酸化ナトリウム、塩酸、液体塩素を生産する傍ら、１９６４年にペンタクロロ-ナトリウムフェノキサイド（ＰＣＰ-Ｎａ）の製造に成功、１９６９年（２４５Ｔの生殖毒性が明らかになった）には大増産に踏み切り、当時アジア太平洋地域では最大規模と称された、生産規模年間１５００トンのプラントを稼動させたのです。これ以降、台湾苛性会社安順工場の主要生産は苛性ソーダと塩素からペンタクロロフェノール（ＰＣＰ）にシフトしていきましたが、その主な輸出先は日本でした。

## 台湾油症事件

新・枯葉剤と推測されるＰＣＰの大工場があった台

湾で、カネミ油症事件とそっくりの事件が１９７９年の春に起きています。それがなんともミステリアスなのです（朝日新聞・１９７９年12月10日）。

## 台湾でも「カネミ油症」　１３００人　ＰＣＢ、日本製説も

１９６８年、西日本を中心に多数の患者が発生したＰＣＢによるカネミ油症とまったく同じ症状の患者が、台湾で約１３００人も出ていることが、このほど台湾当局から九州大学油症治療研究班への問い合わせでわかった。患者はＰＣＢの混入したライスオイルを食べているという。11月下旬に来日した台湾行政院衛生署防疫所長の許書刀氏が油症治療研究班の九州大学医学部教授（皮膚科）・占部治邦氏に語った話によると、今年３月頃、台中県の盲学校で集団患者が出たのをはじめ、台中・彰化両県を中心に約１３００人もの患者が発生している。

被害者は顔や背中に吹き出物が出て、皮膚に黒い色素が沈着、目ヤニがひどいなどカネミ油症と同じような症状を呈している。いずれも、彰化県の油脂会社で製造されたライスオイルを摂取しており、台湾の衛生当局は脱臭工程で熱媒体として使われるＰＣＢがなんらかの形でライスオイルに混入したため起きた、との見方をとっているという。

一方、許氏はこのＰＣＢについて、鐘淵化学工業（本社・大阪市）が製造した「カネクロール５００」だと占部氏に説明したという。すでに国内では使用禁止になり、製造も中止されている国産のＰＣＢが原因となった疑いも出てきた。しかし、鐘淵化学工業は「うちは１９７２年に製造を中止しており、７年たった現在まで使用されているとは思えない。それに、熱媒体

に使われるのは、カネクロール300か、400で、カネクロール500は使われない。油症事件が起きればすぐに当社の製品が原因と結び付けられるのは迷惑だ」と否定している。

また、今回、ライスオイルの製造元といわれる台湾の油脂会社は、「朝日新聞」の問い合わせに対し、「5年前からライスオイルを製造しているが、PCBを使用したことは一度もない」と言っている。

---

翌日続報があり、許氏が「問題のライスオイルは東京大学と東京都立衛生研究所に分析してもらったところ、『カネクロール500』に似ている、ということだった」と答えたとのことです（朝日新聞・1979年12月11日夕刊）。

鐘淵化学工業は「カネクロール500は熱媒体に不向き」だと言い、油脂会社はそもそも「PCBを使っていない」と言いました。しかし、ライスオイルから「カネクロール500に似た成分」が検出されています。これはどう理解したらよいのでしょう。

## 残された枯葉剤の行方

鐘淵化学工業と同じルーツを持つ台湾苛性会社安順工場の閉鎖はこの後、間もなくのことでした。

ベトナム枯葉作戦は1971年春に中止となりました。残された枯葉剤はその後どうなったのでしょうか？　米陸軍省化学物質庁が2003年に出版した報告書『ジョンストン島の環境評価』の中に、「1972年、米空軍はもともとベトナムにあり、沖縄に移管されていたドラム缶2万5000本分（520万リットル）のオレンジ剤（HO）をジョンストン島に運び込んだ」との記述があることを、沖縄の枯葉剤問題を追跡しているジャーナリスト、ジョン・ミッチェル氏が発見しました。移送中にジョンストン島の土壌に25万ポンド（約113トン）が流出する事故が発生。さらに、ドラム缶の腐食が進んでいたことから、1977年、これらの枯葉剤は洋上で焼却処分されたとのことです（沖縄タイムス・2012年8月8日）。

ベトナムで不良在庫となっていた枯葉剤は少なくともドラム缶2万5000本分もあったというのです。ベトナムの枯葉剤は一旦沖縄を経由、仮置きされ、恐らく1972年5月の沖縄返還の頃に、ハワイのジョンストン島に移送されたとみられます。

では、この大量の枯葉剤はいつ沖縄に持ち込まれたのでしょうか？　気になるのは1971年の「レッドハット作戦」です。1969年7月に沖縄で毒ガス漏洩事件が発覚したことをきっかけとして、1960年代に米軍が密かに沖縄に大量の毒ガスを持ち込んでいたことが判明しました。それらを沖縄から撤去するとの名目で、1971年の1月と夏の2度にわたり実施されましたが、「レッドハット作戦は最初から最後まで何層もの虚偽と情報操作で覆われており」「関連文書はいまだに機密扱い」という状況とのこと（ジョン・ミッチェル『追跡・沖縄の枯れ葉剤』）。

レッドハット作戦はインチキの塊です。1971年1月の第一次移送はデモンストレーションで、琉球政府が日本政府に泣きつく状況を作り、本来米軍が負担すべき撤去費用（600万ドル）を日本が肩代わりする口実に使ったこと、そして、それは日本政府からの入れ知恵だったことが米国側の公文書で明らかになっています（NHK「おはよう日本」2010年4月8日放送）。毒ガスを扱っているはずの作業員ですが、防毒マスクをしている人はいません。

漏洩の可能性がある旧い毒ガス弾はすべて漏洩事件発覚直後に沖縄近海に投棄されていたし、そもそも撤去されたのが毒ガス弾だったのかも疑問です。レッドハット作戦の最後の運搬船が天願桟橋（沖縄県うるま市にある米軍施設）を出港した際、船に「THAT'S ALL FORKS（これでおしまい）」と書かれた横断幕が掲げられました。米国の人気アニメ番組の最後にでてくる言葉で、緊張感のなさを象徴しています。ジョン・ミッチェル氏は枯葉剤が沖縄に持ち込まれていた証拠を那覇市の沖縄県公文書館で発見しています。それは1971年5月にキャンプ・キンザー（沖縄県浦添市）で行われた毒ガス撤去の安全対策説明会の写真です。そこには演習風景の右後方に野積みされた大量のドラム缶の山が写っています。枯葉作戦中止は1970年末に発表されました。未使用の枯葉剤の一部は5月には沖縄に戻されていて、米軍はさらに、レッドハット作戦を沖縄に枯葉剤を持ち込むチャンスとして利用した可能性があります。

一方、米軍の枯葉作戦中止にともなって同時に枯葉剤散布（日本版枯葉作戦）を中止した林野庁は、残った枯葉剤をどう処分したのでしょうか？ 1984年5月、「朝日新聞」が愛媛県南部の津島町（現・宇和島市）の山中で、灯油缶のまま埋められていた大量の枯葉剤がほぼ流出していると伝えました。米軍のベトナム帰還兵が枯葉剤メーカーを相手に起こした訴訟が間もなく始まるというニュースを見た営林署の職員が「そういえば、昔埋めた除草剤はどうなっているだろうか？」と気になって、知り合いの朝日新聞の記者に相談。その記者が当時農薬の研究をしていた愛媛大学農学部助教授の脇本忠明氏に同行を求めて調査に向かったところ、思わぬ惨状に出くわしたのでした。「朝日新聞」（１９８４年５月13日）にはその時の様子が次のように記されています。

当時、缶を４、５本ずつ一緒に包んだとみられるビニールは漏れた薬剤で変質したのか、破れ、露出した３本の缶はいずれも腐食して穴があいていた。缶は薬剤名が印刷された段ボールに包まれ、薬剤の臭いがプーンと鼻をつく状態で、缶の底には黒っぽい薬剤がこびりついていた。

林野庁の説明では、２４５Ｔ系除草剤の使用中止（１９７１年４月）が決まった際、林野庁長官名で全国の営林局長宛てに在庫処分の具体的な方法を指示（同年11月）したとのこと。①10倍程度の土壌とよく混和した上でコンクリート塊としてビニールを敷き、その上に埋め込む。②処分箇所については、飲料水の水源、民家から離れた峰筋近くが望ましい。風水害で崩壊する恐れがある場所は避ける、など。しかし、最低限の「コンクリートで固める」も守られていなかったので、「朝日新聞」は「通達を無視しているのは一目瞭然だ」と批判しています。

一方、現地を管轄する高知営林局はただちに現地に２名の係官を派遣、実態調査の結果、別の見解を示しています（高知新聞・１９８４年５月14日）。現場からビニールのほか、消石灰も同時に出土していることから、各営林署は１９７１年11月に発出された林野庁長官名の通達「２４５T系除草剤の廃棄処分について」ではなく、同年４月の「有機塩素系殺虫剤等の処分について」という農林省農政局長通達に準拠して作業した、と結論づけたのです。農政局長通達では、灯油缶や紙袋のまま埋めても可とされており、その場合は消石灰を敷くことが明示されていたからです。

農政局長通達が優先された理由は、５月17日の衆院農水委員会で明らかになりました。除草剤の廃棄処分が行われた（多分、上からの指示）のは１９７１年10月初旬で、林野庁長官名の処分方法の通達はそれから1カ月後に出たからです。林野庁は処分方法も示さずに廃棄命令を出したことが現場を混乱させた原因だったのです。それを裏付けるように、四国の13カ所すべて（高知新聞・１９８４年5月24日）、全国29署（調査済のすべて）で、コンクリートで固めずそのまま埋めた「ずさん処理」が横行していたことが判明しています（朝日新聞・１９８４年5月26日）。ところが、今やどの廃棄処分地でもコンクリートで固められていることに、話がすり替わっています。さらに、高知営林局を困らせたのが、どこに何をどれくらい埋めたのか、記録が一切なかったことです（高知新聞・１９８４年5月19日）。どこの営林局にも記録が残っていないというのは、記録を残すなという指示が出ていたのかもしれません。それで、当時の職員や関係者に聴き取り調査をするしかなかったわけですが、なにせ13年も前の記憶。掘ってみたけど見つからないということが頻発しました。

そうこうしている間に、ロサンゼルスオリンピックが開幕。カールルイスの陸上４冠や柔道・山下の涙の金メダルなど、感動のシーンで国民の枯葉剤への関心が薄れた頃、林野庁は発掘調査を中断してしまいました。そして、年末に出てきた対策案は、埋設地をフェンスで囲う、立て看板を立てる、年に2回パトロールをするといった簡単なものでした。パトロールといっても看板は倒れていないか、ロープは弛んでいないか、フェンスの内側が荒らされていないか、など外見重視ですから、地下で何が起きているかはまったくわかっていません。それでも、専門家会議で「現状維持が最善の策」とのお墨付きを出してもらえば、「臭いものにフタ」は完了。１９９９年4月の「週刊現代」の記事が出るまで、枯葉剤が埋められた場所が全国に50カ所以上あることもほとんどの国民は知りませんでした。ところが、現在埋設地とされている地点も、当時の職員のあいまいな記憶だけに基づいて指定されているだけなので、そもそも、そこに埋まっているのかさえも実は確認されていないのです。

２０２２年1月、ＮＨＫが放送した「誰も知らない日本の枯れ葉剤」という番組のなかで、林野庁は埋められた除草剤を撤去すると公言しました。そして、モデルケースとして熊本県宇土市、佐賀県吉野ヶ里町、高知県四万十市、岐阜県下呂市の４カ所で調査が始まりました。既に１９８４年に発掘され、陸上にコンクリート塊として保管されている高知県四万十市を除いて、驚きの調査結果（これまでの経緯を知っていれば驚くことではありませんが）が出ています。

1　熊本県宇土市ではコンクリートで固められていなかった

2　認められていた。その表土の流出を食い止めるために四方に矢板が打ち込まれていて、雨水の浸入を防ぐためにアルミの天板まで設置されていた（一応コンクリートは見つかったが、大規模な補修工事の際に手を加えた可能性がある）

3　岐阜県下呂市では埋設物そのものが見つからなかった

コンクリートで固められているという大前提が崩れれば、ダイオキシンの流出の心配はないとの専門家会議の従来の結論も論拠が怪しくなりますが、その説明も調査も不十分なまま、林野庁は２０２４年４月から熊本県宇土市の埋設物の撤去工事に入ると発表しました（熊本日日新聞・２０２４年３月23日）。現場は雨水対策のためテントで覆われることになっており、埋設物はどのような状態で埋められているのか明らかにされないまま撤去工事は進められる模様です。

埋設枯葉剤はベトナム戦争への加担の歴史を考える貴重なタイムカプセルです。撤去できればそれでよしというものでもないでしょう。埋められた枯葉剤は戦争で得た豊かさとは何だったかを問いかけているようです。

## 245T系除草剤埋設箇所と埋設量
## （1986年時の調査リストを元に修正）

| | | 粒剤(kg) | 乳剤(L) |
|---|---|---|---|
| 北海道 | 夕張市真谷地炭鉱 ◇ | 600 | |
| | 遠軽町社名淵 | 90 | |
| | 広尾町中楽古 ■ | | 20 |
| | 音更町 | | 0.5 |
| | 清水町 | | 0.5 |
| | 標茶町ルルラン | 9 | |
| | 本別町 | | 0.5 |
| 青森県 | 中泊町(小泊村) | 1,220 | |
| 岩手県 | 久慈市(久慈町) | 200 | |
| | 野田村 | 440 | |
| | 雫石町 ※16ヶ所に分散 | 4,140 | |
| | 岩泉町 | 1,095 | |
| | 宮古市川井(川井村) | 375 | |
| | 西和賀町 | 20 | |
| 福島県 | 会津坂下町 | 455 | |
| 群馬県 | 東吾妻町 | 1,080 | |
| | 昭和村 | 45 | |
| 山梨県 | 甲府市善光寺町 ■ | 30 | |
| 愛知県 | 設楽町段戸 | 1,095 | |
| | 豊田市鍛治屋敷町舟ヶ沢(小原村舟ヶ沢) ■ | 150 | |
| 岐阜県 | 下呂市小川長洞 | 45 | |
| | 下呂市小坂町落合(小坂町落合) | | 2 |
| 広島県 | 庄原市総領町(総領町) | 374 | |
| 愛媛県 | 西条市大谷山 ■ | | 108 |
| | 久万高原町坂瀬山(面河村) | | 18 |
| | 宇和島市津島町八面山(津島町) ◇ | | 252 |
| | 松野町目黒山 | | 72 |
| 高知県 | 北川村影地山 ■ | | 98 |
| | 四万十町窪川焼木水谷山(窪川町)◇ | | 648 |
| | いの町(本川村) | 840 | 72 |
| | 四万十市玖木山(西土佐村) ■ | | 126 |
| | 大豊町仁尾ヶ内山 | 180 | 360 |
| | 津野町ヤカラミ山 ■ | 不明 | |
| | 安芸市中ノ川 ■ | | 126 |
| | 宿毛市奥下藤山 ■ | | 198 |
| | 土佐清水市 | 不明 | |
| 佐賀県 | 吉野ヶ里町坂本峠(東脊振村) | 945 | |
| 長崎県 | 五島市福江(福江町) ■ | 不明 | |
| 熊本県 | 熊本市北区小萩(北部町) | 1,295 | |
| | 宇土市尾坂 | 2,055 | |
| | 芦北町国見 | 180 | |
| 大分県 | 玖珠町 ■ | | 10 |
| | 別府市十文字原 | 75 | |
| 宮崎県 | 日之影町 | 300 | |
| | 西都市吹山 | 2 | |
| | 宮崎市田野町本田野(田野町) | 990 | |
| | 宮崎市高岡町(高岡町) | 270 | |
| | 小林市須木村夏木(須木村) | 120 | |
| | 小林市須木村田代八重(須木村) | 45 | |
| | 都城市(高崎町) | 86 | |
| | えびの市 ■ | 100 | |
| | 串間市 | | 20 |
| 鹿児島県 | 肝付町(内之浦町牧) | 30 | |
| | 湧水町川添(吉松町) | 1,200 | |
| | 伊佐市鬼神(大口市) | 345 | |
| | 伊佐市間根ヶ平(大口市) | 375 | |
| | 南九州市川辺町鎌塚(川辺町) | 445 | |
| | 屋久島町(上屋久町) | 3,825 | |

※上記は1986年当時の調査リストであるため、当時の市町村名で表記されている（カッコ内は現在の市町村名を表記した）。

※現在、■が処分済の扱いになっていて、表からは削除されている。

※◇は一旦掘り出されて隣接地に埋め戻された箇所である。

※「埋設量は300キログラム以内」との通達に違反している箇所が多い

※最近、林野庁が「埋設・管理している245T系除草剤」というサイト（https://www.rinya.maff.go.jp/j/kokuyu_rinya/maisetsujyosouzai.html）を立ち上げた。

**245T系除草剤埋設箇所 全国図**
**（1986年時の調査リストを元に修正）**

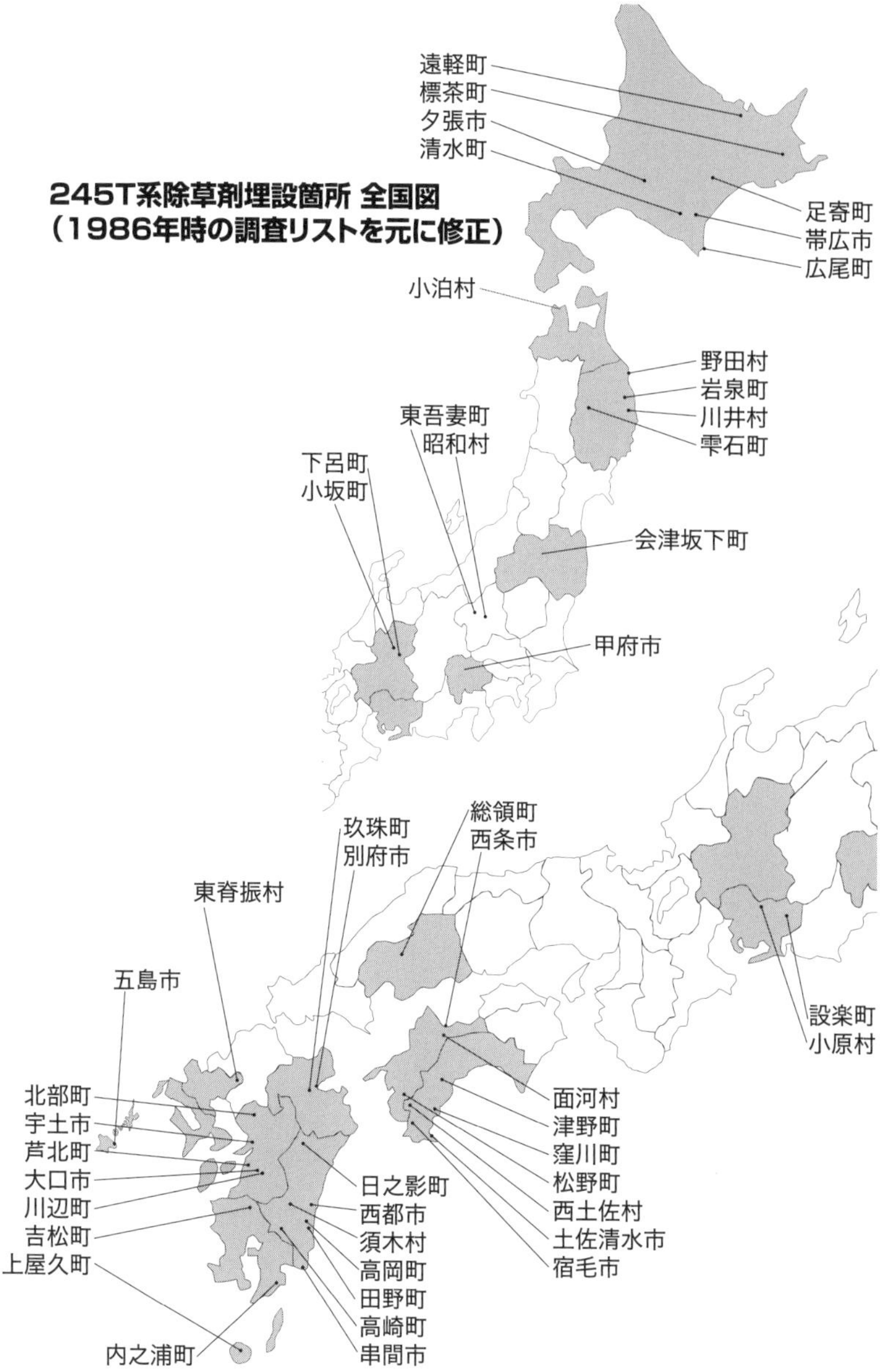

# 本書関連年表

| 年（西暦） | 月 | 枯葉作戦関連のできごと | 月 | 世界や日本のできごと |
|---|---|---|---|---|
| 1949 | 2 | ・三菱化成、BHCの生産開始 | | |
| 1950 | 5 | ・三菱化成、BHC粉剤の生産開始 | 6 | ・朝鮮戦争勃発（1951年に停戦） |
| 1951 | | | 9 | ・サンフランシスコ平和条約締結 |
| 1952 | | ・米軍、モンサント社と245Tの情報交換開始 | | |
| | | ・三菱化成、BHCの原体製造に変更 | | |
| 1956 | | ・宇都宮大学でPCPの除草効果確認 | | |
| 1957 | | | 10 | ・ソ連が人類初の人工衛星「スプートニク1号」の打ち上げに成功 |
| 1959 | | ・PCPの試験販売開始 | 夏 | ・三池争議 |
| 1961 | 1 | ・三光化学、PCP製剤の生産開始 | 1 | ・J・F・ケネディ大統領就任 |
| | 8 | ・ケネディ大統領枯葉作戦を承認 | | |
| 1962 | | ・林野庁が塩素酸ソーダ散布開始 | | ・レイチェル・カーソン著『沈黙の春』出版 |
| | 10 | ・三光化学に対し厚生省調査団から指示（粉剤から粒剤へ。社名も三西化学工業に変更して操業継続） | 10 | ・キューバ危機 |
| | | | | ・英国でザ・ビートルズデビュー |
| 1963 | | ・ケネディ大統領科学諮問委員会が、枯葉剤は人体に有害とする「枯葉剤の人体に及ぼす長期影響について憂慮を示す報告書」作成 | 11 | ・ケネディ大統領暗殺 |
| | | | | ・米国でボブ・ディランらのフォークソングが流行。反戦運動と結びついて大ブームへ |
| 1964 | 4 | ・245T、農薬登録 | 8 | ・トンキン湾事件（ベトナム戦争に米国が本格介入） |

| | | | | |
|---|---|---|---|---|
| | | | 10 | 東京オリンピック |
| 1965 | 3 | 米ダウ・ケミカル本社で秘密会議(２４５Ｔからダイオキシン大幅低減) | 2 | 米軍、北爆開始 |
| 1966 | 12 | ベトナム軍事援助司令部は太平洋軍司令官に枯葉剤の確保を進言 | 2 | ソ連無人探査機ルナ９号月面着陸 |
| 1967 | 4 | 米軍、国内生産能力の４倍の枯葉剤を発注 | 4 | ボクシングヘビー級王者モハメッド・アリが徴兵拒否。タイトル剥奪 |
| | 10 | 三井東圧化学２４５ＴＣＰ生産開始 | 6 | 第三次中東戦争 |
| | | | | 米国を中心にヒッピー文化隆盛。ベトナム反戦運動が激化へ |
| 1968 | 1 | カネミ油症事件（発覚は10月） | 1 | 南ベトナム解放民族戦線、テト事件 |
| | 11 | 在沖縄米軍が地元業者に大量のＰＣＰ払い下げ | 3 | ジョンソン大統領、ベトナム政策の大転換 |
| | | | 4 | 米国で公民権運動を主導したキング牧師暗殺 |
| 1969 | 7 | 衆議院議員・楢崎弥之助氏が国会で「枯葉剤国産化」問題を追及 | 1 | ニクソン大統領就任 |
| | | | 7 | アポロ11号月面着陸 |
| | 9 | 三菱モンサント社、ＰＣＢを製造開始 | 11 | 日米首脳会談「沖縄返還で合意」 |
| | 12 | 国連総会で「枯葉剤は化学兵器」決議 | | |
| | | ＢＨＣ、日本国内向けの製造自粛 | | |
| 1970 | 4 | 米国防総省「２４５Ｔの使用中止」を発表 | 3 | 大阪で日本初の万国博覧会開催 |
| | 5 | 日本版枯葉作戦（２４５Ｔを国内の山野に散布）が本格化 | | |

| | | | | |
|---|---|---|---|---|
| 1970 | 11 | ・カネミ油症事件民事提訴 | | |
| | 12 | ・米ハーバード大学が枯葉作戦調査報告を公表（環境破壊とヒトへの被害） | 12 | ・沖縄コザ事件 |
| | | ・ホワイトハウスが「枯葉作戦段階的に縮小。来年春までに全廃」と発表 | | |
| 1971 | 4 | ・林野庁２４５Ｔの散布を中止 | 7 | ・ニクソン大統領「来年5月までに中国訪問」と発表 |
| | 10 | ・林野庁２４５Ｔを国有林に遺棄（処分方法は11月に通達） | | |
| | 12 | ・ＢＨＣ、農薬登録失効 | | |
| 1972 | 6 | ・鐘淵化学工業（現カネカ）、ＰＣＢの生産を中止 | 2 | ・ニクソン大統領、中国訪問 |
| | | | 5 | ・沖縄返還 |
| | | | 6 | ・ウォーターゲート事件 |
| 1973 | 2 | ・三井東圧化学でＰＣＰ、２４５ＴＣＰ等「人体実験」を行なっていたことが発覚 | 3 | ・パリ和平協定　米軍のベトナム完全撤退決まる |
| 1975 | 4 | ・九州大学、カネミ油症事件の汚染油からダイオキシンを検出 | 4 | ・サイゴン陥落　ベトナム戦争終結 |
| 1976 | 7 | ・イタリアでセベソ事件発生 | 7 | ・田中角栄元首相、ロッキード事件で逮捕 |
| 1978 | 3 | ・カネミ油症事件刑事裁判で、カネミ倉庫・加藤三之輔社長に無罪判決 | 8 | ・米国で有機化学物質による汚染事件「ラブ・キャナル事件」 |
| 1979 | 12 | ・台湾油症事件 | | |
| 1981 | 5 | ・ニューヨーク連邦地裁のブラット判事「米国枯葉 | | |

| | | | | |
|---|---|---|---|---|
| | | 剤メーカーを訴えたベトナム帰還兵の訴訟は有効」と認定、裁判開始が決定 | | |
| 1984 | 5 | ・米国の「枯葉剤訴訟」裁判開廷前夜に、枯葉剤メーカーとベトナム帰還兵が和解 | 8 | ・ロサンゼルス・オリンピック |
| | | ・愛媛県の山中で245Tの流出を確認 | | |
| 1987 | 5 | ・ダウ・ケミカル社が245Tの製造中止を発表 | | |
| 1988 | 10 | ・二重胎児ベトちゃんとドクちゃん、日本で分離手術 | | |
| 1989 | | | 1 | ・「平成」に改元 |
| | | | 11 | ・ベルリンの壁崩壊 |
| 1990 | | | 8 | ・湾岸戦争 |
| 1991 | | | | ・ソ連が崩壊し、共産主義世界が大混乱 |
| 1992 | | | 5 | ・ボスニア・ヘルツェゴビナ紛争始まる。つづけてコソボ紛争も起こり旧ユーゴスラビアで戦闘 |
| 1999 | 1 | ・中西準子教授ら「日本のダイオキシン汚染のほとんどは1960年代の農薬由来」と発表 | | |
| | 2 | ・三西化学工業裁判、原告敗訴で確定 | | |
| | 7 | ・（ゴミ焼却対策主体の）ダイオキシン特措法成立 | | |
| 2000 | 12 | ・ニュージーランドIWD社元重役が「枯葉剤製造に関与」を告白 | | |
| 2001 | | | 9 | ・911同時多発テロ |

| 年 | 月 | | 月 | |
|---|---|---|---|---|
| 2004 | 10 | ・ABCオーストラリア国営放送「化学時限爆弾（遺棄枯葉剤による環境汚染）」を放送<br>・油症診断基準に「血中ダイオキシン濃度」新設 | | |
| 2005 | 1 | ・ニュージーランド運輸大臣が同国の枯葉剤供給関与を認める（翌日否定） | | |
| 2007 | 9 | ・三西化学工業（福岡県久留米市）の隣接地から基準値の95倍のダイオキシン検出 | | |
| 2011 | 8 | ・米元軍人証言「枯葉剤を北谷に埋めた」（２００２年にドラム缶２００本発見） | 3 | ・東日本大震災 |
| 2013 | 6 | ・沖縄市のサッカー場改修工事現場からでダウ・ケミカル社のマーク入りドラム缶を多数発見 | | |
| 2016 | 7 | ・ABCオーストラリア国営放送が「同国の枯葉剤工場、日本から中間製品輸入」を報道 | 4 | ・熊本地震 |
| 2018 | 8 | ・西日本新聞が「九州20カ所に猛毒埋設　ベトナム戦争の枯葉剤成分」を報道 | | ・前年夏に九州北部豪雨 |
| 2019 | 10 | ・沖縄県浦添市の米海兵隊施設「キャンプキンザー」で基準値の５２０倍のダイオキシン検出 | 5 | ・「令和」に改元 |
| 2020 | 12 | ・三西化学工業の周辺井戸からダイオキシン検出 | | |
| 2021 | | | 7 | ・東京オリンピック |
| 2022 | 1 | ・NHKで「誰も知らない日本の〝枯葉剤〟」放送<br>・林野庁、埋設枯葉剤の撤去に向け調査開始 | 2 | ・ロシアがウクライナ侵攻開始 |

※年表は2023年6月時点のものです

# あとがき

北九州国定公園の一角、北九州市の足立山南麓に今にも崩れ落ちそうなコンクリートの廃墟があります。旧日本陸軍の毒ガス工場跡で、これまで取り壊されずにいたのは、負の戦争遺産を教訓として残そうとの積極的な理由ではありませんでした。終戦時に毒ガス弾製造の証拠を隠すために、目の前の海や工場の敷地内に多数実弾を遺棄したため、危なくて撤去工事に着手できないからだと聞いたことがあります。

環境庁（現・環境省）が1972年にまとめた「旧軍毒ガス弾等の全国調査」によると、終戦直後に遺棄された場所は全国44カ所所にのぼるとのことです。全国に配備されたこれらの毒ガスは何に使われる予定だったのでしょうか？　当時、相模海軍工廠（神奈川県寒川町・平塚市）に動員されていた男性の日記には「日本危機の場合に用いるらしい。しかし絶対秘密を漏らさぬように」（2021年8月に関連番組が日本テレビで放送）との記載があったそうです。日本の無条件降伏で幻となった「本土決戦」ですが、軍部はどんなプランを用意していたのでしょうか。上陸してきた敵に対して、国民が毒ガスを抱えて突撃。「一億玉砕」もあり得たのかもしれません。

終戦を境に、大量の毒ガスは証拠隠滅のために海に捨てられました。それから四半世紀、国産枯葉剤にも突然処分命令が下され、こちらは山（国有林）に捨てられました。処分に関する一切の記録が残っていないのも終戦のときの「毒ガス始末」を彷彿とさせます。46カ所ともいわれる枯葉剤の埋設現場は日本に残る貴重なベトナム戦争遺跡とも言えそうです。

　そもそも、ベトナム戦争は無用の戦争でした。Ｊ・Ｆ・ケネディ大統領は駐ベトナムの軍事顧問団の順次撤退を発表した翌月に暗殺。開戦のきっかけとなった「トンキン湾事件（公海上で米艦艇が北ベトナム軍から攻撃された事件）」も、米軍のでっち上げ（開戦の口実）だったことが後に明らかになっています。その戦争を利用して除草剤ビジネスを拡張していった米国の枯葉剤メーカーでしたが、「死の商人」と呼ばれることは極度に恐れていました。「死の商人」とは、軍需産業に携わり、戦争によって巨利を得る資本家のこと。ダイナマイトの開発で大儲けしたノーベルも、死後の世評を気にしてノーベル賞を創設したと伝えられます。

　憲法９条を持つ日本はベトナム戦争に兵を送ることこそありませんでしたが、米軍の後方基地として戦争遂行に必要なあらゆるサービスを提供。その頃全国各地で頻発する公害では、政府は企業の救済を優先していました。そんな日本を、特に東南アジアの国々は「エコノミック・アニマル」と揶揄しました。国際的なビジネスの場での日本人の利己的な振る舞い、ひたすら経済的利益を追求するさまを皮肉った呼び方と受け止められています。しかもアニマルですから、人間らしい優しさとか愛情、宗教、文化などへの理解が伴わないもうけ第一主義の畜生（人に飼われる動物）みたいな存在という、軽蔑の意味合いもあったかもしれません。

　それから約40年経った２０１４年、安倍晋三内閣は従来の武器輸出三原則（原則、武器の輸出や共同開発を禁止）を防衛装備移転三原則（基本的に兵器の輸出入を認める）に改めることを閣議決定しました。ウクライナ危機に乗じて防衛省の研究開発費も急増、軍需産業育成の動きが急速に進んでいます。
２０２３年、埋設枯葉剤も毒ガス工場の廃墟も撤去に向けて動き始めました。それが不都合な過去を消し去るだけに終わらないことを願いたいと思います。

２０２３年6月　原田和明

『枯葉剤の謎』
WEBサイト

# ベトナム戦争《せんそう》
# 枯葉剤《かれはざい》の謎《なぞ》
## 日米同盟《にちべいどうめい》が残《のこ》した環境汚染《かんきょうおせん》の真実《しんじつ》

２０２４年５月15日　第一刷発行

著者……………原田和明《はらだかずあき》
発行者…………黒川文雄
発行所…………飛鳥出版株式会社
東京都千代田区富士見２―３―７タカオビル２０１
郵便番号　１０２―００７１
電　話　０３（３２３３）４１６１

編集……………篠原史臣
装丁……………内藤啓二
印刷／製本……株式会社シナノ

　ISBN978-4-7801-0095-2　C0031